U0040517

CC媽咪的 巧拼 玩具遊樂園

CC 陳雲熙 著

閒置巧拼變身
孩子們獨一無二的玩具

曾經有一段時間，很盛行日系的木質廚房組，質感很好，價格也不斐。我一直覺得在單薪家庭的精打細算中，孩子的玩具是必省的首要項目。剛好妹妹那時搬新家，前屋主留下了上百片巧拼，妹妹便將這些巧拼轉送給我，也因此開啟了我改造巧拼的契機。

當自己的寶寶處於爬行階段時，我並沒有購入巧拼，總覺得當孩子會走了，巧拼失去使用目的時，收納的困擾及堆積在角落都頗占空間。當我還在煩惱這些巧拼該怎麼辦時，偶然看到一位藝人媽媽用紙箱DIY成廚房玩具，這個創意吸引了我，我突然靈機一動：「或許我可以把這些色彩繽紛的巧拼做成廚房，取代紙箱材質易損壞的特性。」

於是我開始嘗試製作，才發現這似乎不如想像中容易，是個艱難的任務。畢竟巧拼是軟墊，必須讓它搭起來後不會輕易倒下，無數的夜裡我趁著孩子睡了，一個人待在書房裡拼拼湊湊。那時候我並沒有所謂的結構概念，也沒想過切割巧拼重新整形，最後我用了最簡單的方式，以紙箱當做整體支架，然後再用巧拼包覆，花了整整三個月，我完成了第一個巧拼作品廚房組，也解決了閒置巧拼占空間問題。

在第一次的成功經驗後，我發現其實巧拼的運用可以更廣，因此我將廚房再做了一次大改造，讓它看起來更豪華，像是日系木質廚房一樣，而巧拼廚房卻擁有更豐富的色彩和防撞傷的優點，也受到許多好評與教學的詢問。因此我開始大膽的嘗試切割版型和運用不同的切割技巧，陸續再研發出巧拼冰箱、巧拼相機、巧拼果汁機……等十餘個作品。

從開始嘗試製作到現在，不知不覺也已經邁入第四年了，很開心透過網路的連繫，認識了許多喜愛手創的爸比和媽咪們，大家共同研究與創作學習、互相給予更多的意見，讓巧拼作品越來越豐富。希望這本巧拼創意手作書，能夠為您開啟對巧拼的創意興趣和熱忱，讓我們一起親手為孩子們打造獨一無二的繽紛玩具吧！

陳雲熙CC

目錄

迷你廚房桌遊　13

繽紛果汁機　18

轉轉挫冰機　22

閃光燈照相機　26

城堡防撞墊　30

小手農莊 34

貓咪推推毛線球 46

刷卡機 50

飲料販賣機 56

豪華廚房組 64

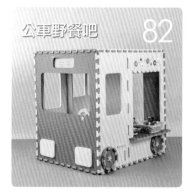

公車野餐吧 82

巧拼玩具 DIY
基礎入門

開始做巧拼玩具之前，先了解基礎應用吧！
會使用到哪些工具？
軟巧拼、硬巧拼應該用在哪？
學會基礎切割技巧就能事半功倍，
輕鬆做出各式各樣的玩具！

巧拼 DIY
基礎入門

常用工具介紹

製作巧拼玩具時會使用到的工具並不多，
但若能在適當的時機使用正確的工具，就能事半功倍。

避免使用生鏽及舊的
刀片，不夠銳利易使
裁切面不夠平整。

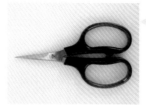

一般事務剪刀刀片較
厚，無法剪下巧拼。

30 度銳角刀片

美工刀是製作巧拼玩具時必備的首要工具，用於
各種裁切方式，選用銳角刀片，能夠在較細微和
曲線部分減少失誤切割範圍。

尖頭剪刀

剪刀常用於將巧拼邊緣修剪圓滑或是開淺槽口時
挑起巧拼，一般尖頭剪刀刀片較薄，可輕易剪下
巧拼，尖頭部分在小範圍時，剪裁更加順手。
＊也可以使用指甲小剪刀代替。
＊需要剪裁大面積時，可選用布剪刀。

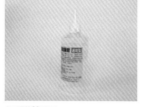  

熱熔膠

特性為快速及牢固，很
適合黏合巧拼，不容易
繃開。
缺點：黏錯拆下時，容
易損壞巧拼。

保麗龍膠

親子 DIY 時，孩子使用
保麗龍膠較安全，但需
要加壓一段時間等待乾
固。
缺點：需要時間等膠乾
固定。
優點：黏錯拆下時不易
損壞巧拼，用刀片或剪
刀即可去除殘膠。

圓規刀

圓規刀可直接在巧拼上
裁切出需要的圓形。

圓規筆

圓規筆可在巧拼上畫出
所需圓形，再以美工刀
切割，是沒有圓規刀時
的替代方案。

TIPS

亦可使用自動筆的筆
頭及沒有水的鋼珠筆
（細筆頭）替代。

竹籤

可在巧拼上以竹籤記號及畫線，能夠保持巧拼的潔
淨，缺點是隱形的線在切割上較為考驗眼力。

避免使用原子筆，常
因巧拼的軟度出現斷
水狀況，線條痕跡也
無法除去。

鉛筆

用於描繪版型或是做記號時。鉛筆的碳粉在巧拼
上可輕易作畫，修正時亦可使用橡皮擦擦拭。缺
點是偶爾會有部分碳粉的殘留。

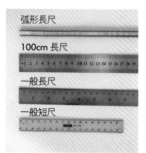

弧形長尺
100cm 長尺
一般長尺
一般短尺

尺（弧形軟尺、不同長度的尺）

弧形軟尺可用於畫圓或
畫拱形，依照需求調整
大小，若沒有弧形軟尺，
也可使用家中的鍋盤輔
助畫圓弧。不同長度的
尺則用於尺寸的測量、
做記號使用。

常用巧拼介紹

市面上的巧拼種類五花八門，素色、花色、厚巧拼、薄巧拼……，
在製作巧拼玩具時是否也有選用的考量或限制呢？

厚巧拼

公車野餐 Bar 為大型玩具，選用厚巧拼才能穩固的立起來。（見 P.82）

在製作較大型的玩具時，使用厚巧拼是較好的選擇，1.5~2cm 厚的巧拼，其厚度與重量能使立起來的巧拼更加的穩固。

薄巧拼

便於攜帶的迷你廚房有許多小零件，適合薄巧拼。（見 P.13）

在製作較小體積的玩具時，建議使用約 1cm 厚的巧拼，比較容易凹折整形。也可用做大型玩具的內部架構，除了比較不占空間，也能增加玩具本身的堅固程度，成品會較為紮實。

厚度影響

重點

巧拼厚度不同會影響版型調整，裁切之前務必留意。

在本書的步驟和版型中，皆有註明示範使用的巧拼厚度，厚度會影響到「卡榫的口徑寬度」，因此若您使用的巧拼厚度與示範使用的不同，須特別注意調整間距。

材質選用

豪華廚房由許多小巧拼接起來，有一定的高度，使用硬質地巧拼會較為穩固。（見 P.64）

市面上的巧拼有軟質地和硬質地的差別，軟質地巧拼較不適合用於立體的櫃子類（例如：廚房、公車吧），支撐度不夠，立起來的巧拼容易產生歪斜現象。硬質地巧拼多數厚度為 1cm 或 1.4cm 以上，發泡較為紮實，可讓成品立起來時不歪斜。

巧拼的正背面

巧拼背面無紋路，較為滑順，適合畫版型做記號。

在巧拼玩具製作的過程當中，正、背面也會影響到版型或是外觀的呈現，在接下來的製作步驟中也都會提及。正面指的是「有紋路面」，背面指的是「無紋路面」。通常在描版型時，都需描繪在背面，無紋路面較為平順、較好畫上記號。

巧拼紋路和花色

使用特殊的花紋，有時可讓玩具看起來更有屬於自己的風格。（見 P.56）

市面上有許多素色或是花色巧拼，紋路也有不同的樣式，較常見的是十字紋路，但無論是什麼樣的紋路或花色，都不影響玩具的製作。可以多多嘗試不同顏色的組合，表現自己的喜好和風格。

切割技巧介紹

DIY 巧拼玩具的過程中有許多需要運用美工刀裁切巧拼的步驟，單純的裁切巧拼很簡單，但若是要在玩具當中加入一些機關，就需要使用以下幾種進階的切割技巧，這些切割方式也會應用在後續玩具製作的步驟當中喔！

1 線槽（不切斷）

在巧拼上以不切斷方式劃出線槽，可讓巧拼形成 90 度折角、也可在線槽當中插入裝飾物。

範例

- 線槽可插入裝飾物。（見 P.40）

1 將刀鋒收短，依照巧拼的厚度調整。

2 將刀柄服貼在巧拼上，並直線劃過，重複兩次，第二次避免施力過當，避免完全切開巧拼。

3 扳開切開處，稍稍對折，使切線處鬆開，即完成線槽。

2 開淺槽

在巧拼上以線槽方式劃出兩道平行的線槽並做出凹槽，可讓巧拼折出弧形及製作一體成型的外觀。

範例

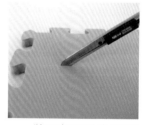

- 烤箱烤盤的紋路以淺槽做出。（見 P.73）

1 將刀鋒收到最短。

2 將刀柄服貼在巧拼上直線劃過，重複兩次，第二次避免施力過當。

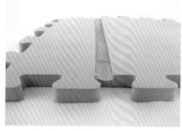

3 劃出兩道平行的不切斷線槽。

4 將巧拼下凹對折，使用刀片或剪刀，將中間裁下。

5 完成開淺槽。

3 切薄

將巧拼邊緣切薄，製作出不一樣的厚度，多用於製作門片時，可減少門片與門框的摩擦。

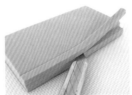

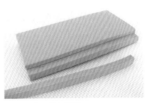

範例

- 將圓巧拼邊緣切薄，成為果汁機的蓋子。（見P.21）

1 將刀鋒收到最短，刀柄服貼在巧拼上，並直線劃過，重複兩次，第二次避免施力過當。

2 從側邊將厚度切開一半。

3 完成切薄。

4 淺槽口

將巧拼挖出淺洞，可插入巧拼凸邊，加強並固定懸掛式巧拼置物架。

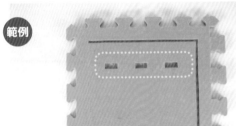

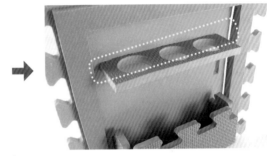
範例

- 做出淺槽口，可讓置物架黏合更密合牢固。（見 P.72）

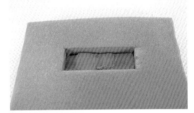

1 將刀鋒收到最短，切出欲插入巧拼凸邊的方形線槽。

2 使用尖頭剪刀挑起一部分，並沿著線槽剪下一整塊方形。

3 完成淺槽口。

5 劃出新的鋸齒凹凸

各家巧拼尺寸不同，若需要特殊尺寸的巧拼，就必須自行裁劃出新的鋸齒凹凸。

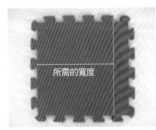

所需的寬度

1 取欲裁切的巧拼 A 在背面做出需要寬度的記號線。

2 取另 1 片巧拼，背面朝上，凸邊對齊記號線，並將鋸齒描繪於 A 上。

3 將 A 上描繪的鋸齒裁下，即成為所需巧拼。

6 深口

在巧拼鋸齒凹邊裁切深口，當與另一片巧拼鋸齒接合時，就會形成新的插銷洞孔，在製作豪華廚房組（P.65～81）時，會大量運用此技巧。

長 3cm x 寬（巧拼厚度）

長 2cm x 寬（巧拼厚度）

1 以大部分的巧拼而言，單一個凸邊長是 3cm，製作深口時，尺寸為「長 3cm× 寬（巧拼厚度）」，遇到巧拼角落凹邊較短時，洞孔尺寸則為「長 2cm× 寬（巧拼厚度）」。

2 在巧拼鋸齒凹邊向內裁出一個「3cm× 巧拼厚度」的深口，若所使用的巧拼為 1cm 厚，則向內裁 3×1cm。

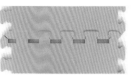

3 將 2 片巧拼接起來，便形成插銷洞口，可放層板。

7 插銷口

在巧拼適當的位置開出插銷口，可與其他巧拼接合，形成層板。在製作豪華廚房組（P.65～81）時，會大量運用此技巧。

1 取 1 片巧拼背面朝上，測量好欲開插銷孔的位置畫出記號線，再取一片巧拼正面朝上，將鋸齒凸邊對齊在記號線上，於記號線上標出凸的位置。

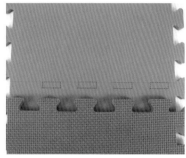

2 將凸的標記畫成長「3cm× 巧拼厚度」的長方形。

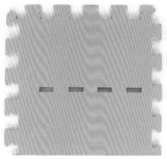

3 裁下洞孔，完成插銷洞孔。

8 鋸齒邊（含凸 vs. 不含凸）

巧拼的特色在於它的凹凸鋸齒的接合，在創意運用中也是相當重要的一部分。

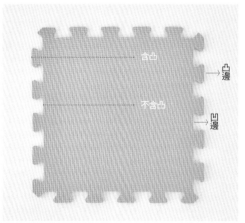

含凸

→凸邊

不含凸

→凹邊

- 本書在說明尺寸度量時，會使用凸邊與凹邊的描述來表示如何測量尺寸。
- 「含凸」表示測量尺寸時，需包含凸邊鋸齒。
- 「不含凸」表示測量尺寸時，則從凹邊開始測量。

來做巧拼玩具吧！

巧拼遊樂園裡有各式各樣的玩具，
喜歡攝影的人拿著相機拍下遊樂園的每個角落，
熱愛運動的人來場刺激的手足球，
小小朋友在農莊裡釣魚種花拔蘿蔔，
夏天到了太炎熱就來碗彩虹剉冰，
長大後想當個小廚師嗎？先來豪華廚房見習一下吧！

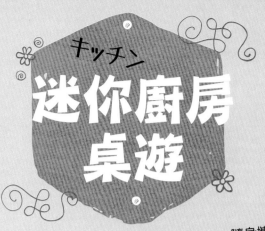

キッチン
迷你廚房
桌遊

隨身攜帶的小廚房，
搭車、聚會、打發時間，
走到哪都可以玩！

掃描 QR CODE 或輸入網址
https://youtu.be/PpVxSKus9h4，
觀看玩法影片。

材料

巧拼（32×32×1cm）	1 片
2mm 厚泡棉	2 片
彩塑條	1 條
圓形泡棉（直徑 3.5cm）	10 片
小冰棒棍	1 支
長條型巧拼餘料（約 3cm 長）	數個
魔鬼氈	1 片

Tip

· 因為迷你廚房的尺寸較小，所以可以利用剩餘的巧拼來製作。

· 步驟當中提到巧拼正面，即為巧拼的有紋路面；巧拼背面，即為巧拼的無紋路面。

Pin²

Part 1 盒子

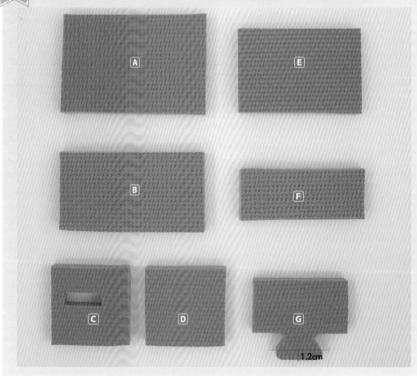

★ 於巧拼背面畫上版型（參考 p.97~99）並裁切。

★ G 板的鋸齒凸邊需裁掉 1.2cm 寬度，以便收納。

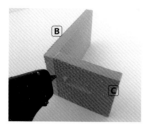

1 將 C 的短邊上膠，
  黏於 B 的短邊上，
  呈直角 L 狀。

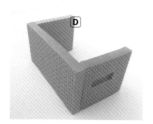

2 將 D 的短邊上膠，
  黏於 B 的另一側。
  呈現 ㄇ 字形。

3 將 F 兩個短側上膠，
  與 C 和 D 黏合，與
  頂端齊，下方留空。

4 將 E 黏合於 F 上，
  呈現爐台造型。

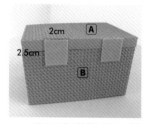

5 取 1 片彩塑條，剪
  2 片 2.5×2cm。 黏
  於 A 和 B 上，成為蓋子
  的活頁片。

6 打開盒蓋。

7 取一對魔鬼氈，剪
  成小塊長條形。

8 依照魔鬼氈大小，
  在盒上裁一個小淺
  槽口。將魔鬼氈黏於缺
  口與蓋子對應切口的位
  置。

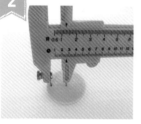

Part 2 瓦斯爐與小桌子

1 取 1 個圓形泡棉，
  以圓規刀在上面畫
  一個半徑 1.3cm 的圓。

2 將中心圓裁下，剪
  成小條狀，與圓圈
  黏合，即為瓦斯爐。

3 將瓦斯爐黏在盒子
  爐台上。

4 將 G 插入 C 的洞
  口內，即成為可放
  置小物的小桌子。

Part 3 小物製作

小碗

1 取 1 片圓形泡棉，
  沿邊緣往內平均剪
  8 刀，成為 8 片均等。

2 在每片的右上角上
  一點點膠，並與下
  一片黏合。

3 可使用不同顏色的
  泡棉來製作，做出
  更多的小碗。

平底鍋

1 取 2 片圓形泡棉，將周圍上膠黏合，留下一部分不上膠以進行步驟 3。

2 裁一條 12×1.5cm 的泡棉。

3 取一支冰棒棍，裁成一半。將半截冰棒棍插入圓形泡棉夾層中，再將長條泡棉繞著圓形泡棉黏合。

4 黏合後即完成平底鍋。

湯鍋

1 取 2 片圓形泡棉並黏合。

2 裁 1 條 12×2.5cm 的泡棉。

3 將長條泡棉繞著圓形泡棉黏合，即成鍋體。

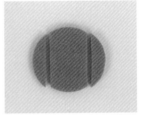

4 取 1 片圓形泡棉，並將圓的兩側裁下 0.5cm。

5 將裁下的 2 片弧形泡棉，黏在鍋體兩側，成為鍋子手把。

6 取 1 片圓形泡棉，裁一個直徑 4cm 的圓做成蓋子，再剪一小塊不同顏色的泡棉黏於鍋蓋上做成蓋耳，即完成鍋子。

調味料罐 ❶

1 取 1 個長條型巧拼餘料，長寬不拘。以刀片在四個面中心點割出線槽。將四個面皆切薄至中心記號。

2 切斷薄片，以小剪刀加以修飾瓶身不平整的部分。

3 取 1 張 2mm 泡棉，利用圓規刀割出半徑 0.5cm 的圓。

4 利用小剪刀沿邊緣平行剪幾刀，剪出類似酒瓶蓋的鋸齒狀。

5 　將瓶身與瓶蓋黏合。

6 　取 1 片長方形小泡棉，利用奇異筆寫上調味料名稱。

7 　將名稱黏於瓶身即可完成調味料罐。

8 　利用不同顏色的長條型餘料，做出不同的調味料罐。

調味料罐 ②

1 　取 1 個長條型巧拼餘料，長寬不拘，於約 1/3 處將四個面都畫出線槽並切薄。

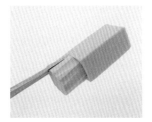

2 　小剪刀與巧拼平行，剪出立體波浪瓶口。

3 　取 1 片長方型小泡棉，寫上調味料名稱，黏於調味料罐上，並在罐子頂端畫一些點點，即完成。

玉米

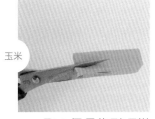

1 　取 1 個長條形巧拼餘料，長寬不拘。利用小剪刀，剪出一邊寬一邊窄的形狀。

2 　邊緣不一定可以剪得很平整，再稍微用剪刀加以修飾即可。

3 　以美工刀在表面隨興劃出淺淺井字狀。

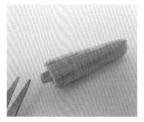

4 　以小剪刀在寬端修剪出蒂頭即完成。

Part 4 **收納方式**

1 　將側邊小桌子收至盒子最底部。

2 　鍋子擺放在小桌子上方，小碗收至鍋內。調味料罐放於小桌子旁邊的空間。

3 　將平底鍋及其他材料放入剩餘空間中。

4 　最後放入鍋蓋，確定盒蓋可以蓋緊即可。

ミキサー

繽紛
果汁機

簡單幾片巧拼，開間飲料店，

巧拼餘料放進會轉動的果汁機，攪一攪，

請問要來杯木瓜牛奶或西瓜汁呢？

材料		
巧拼（32×32×1cm）	2	片
中型透明量杯	1	個
2 入 3 號電池盒	1	個
無段按鈕	1	個
強力馬達	1	個
風扇葉	1	個
2mm 厚泡棉	1	片
透明片	1	張

• 電池盒和無段按鈕可在電子材料行購得；
　強力馬達和風扇葉可在文具行購得。

Tip

• 中型透明量杯可用其他大小適中的透明容器來代替，也可利用喝完的手搖飲料杯。

• 步驟當中提到巧拼正面，即為巧拼的有紋路面；巧拼背面，即為巧拼的無紋路面。

P*in²

Part 1　主體

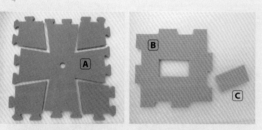

★ 於巧拼背面畫上版型（參考拉頁和 P.143）並裁切。

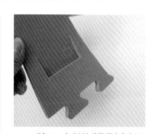

1 將 A 板沿版型割下凵形框。

2 方形孔洞以無段按鈕大小裁下。

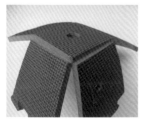

3 將 A 板翻至正面，將四邊以線槽方式切開。

4 A 板翻至背面，將 C 套入凵形框中並往前推，使凵形框凸出，呈現立體感。

5 將 A 板翻回正面，利用竹籤將方形口描繪在 C 巧拼塊上，並裁下方形口。

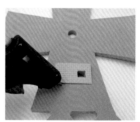

6 將 A 板翻至背面，將 C 對齊方型口黏合於凵形框。

7 取 1 巧拼，裁下鋸齒凸 1cm 寬的長條。

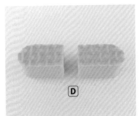

8 將長條裁切一半，為 D。

9 在 A 板正面凵形框的方形按鈕旁，利用竹籤描出 2 個 D 形狀，並割出線條槽。

10 以尖頭小剪刀將 D 形狀挑起，做成淺槽口。

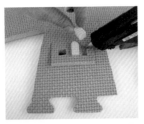

11 將 D 黏合於淺槽口，做出裝飾用假按鈕。

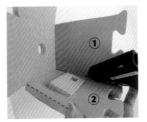

12 用手掌將①②抓合，對齊上邊緣角並黏合。

13 將四個邊皆黏合。

14 完成主體座。

Part 2 機關與底座

1 將強力馬達、電池盒、開關接好線。

2 按鈕及馬達皆從主體座由內往外裝設。

> **Tip** 購買時，可請電子材料行協助銲接。

3 馬達須穿入主體圓孔中與 E 面平行，在縫隙中灌入較多的膠黏合，以避免過度振動時鬆落。

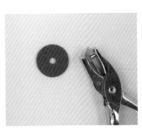

4 取一個 2mm 厚圓形泡棉，利用打洞器，在中心點打一個洞。

> **Tip** 黏貼時，要注意不要黏到馬達軸心，導致馬達無法轉動。

5 將泡棉黏在 E 面和馬達上，避免馬達直接接觸塑膠杯底時發出過大的摩擦聲。

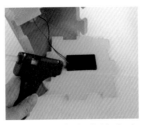

6 將電池盒黏於底座 B 上，電池盒開口朝向有紋路面。

7 將底座 B 與主體拼合。

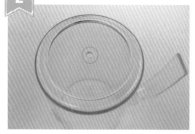

1 將透明量杯杯底中心點鑽出 0.5cm 的洞。

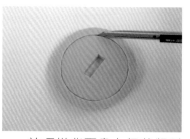

2 將杯底與主體座黏合,加強黏膠量,並加壓量杯以助密合,避免馬達過度震動時,量杯鬆脫。

3 於巧拼背面畫上杯蓋版型(參考拉頁)並裁切。內圓淺割出線槽,不切斷。

4 將杯蓋切薄。

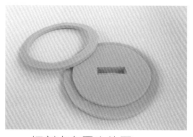

5 切割出有層次的圓。

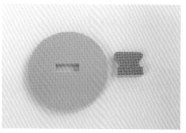

6 於巧拼背面畫上杯蓋把手版型(參考拉頁)並裁切,插入蓋子的長方形洞孔中。

7 將把手與杯蓋黏合。

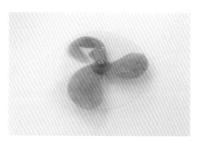

8 取一片透明膠片,裁成小於壺底半徑 0.5cm 的圓,並將風扇葉貼在透明膠片下方。

9 將風扇葉裝進杯底,與馬達接合。

10 將巧拼餘料裁成 1×1× 1cm 的立方體數十個,放入果汁機中,按下按鈕即可。

> **Tip** 使用無段馬達可避免小朋友忘記關掉開關,導致馬達燒壞。也請勿連續轉動果汁機時間過長,以免馬達燒壞。

かき氷
轉轉
剉冰機

夏日消暑的剉冰，
轉一轉，
為您送上美味可口的彩色四果冰！

材料	巧拼（32×32×1cm）	5 片
	塑膠圓蓋	1 個
	透明膠片（2×42cm）	1 片
	寬口徑吸管	1 支
	竹筷	1 支
	裝飾小物	任意
	1cm 彩色小絨球	1 包

Tip

· 塑膠圓蓋可用免洗碗或是冰品杯代替。

· 裝飾小物可選用自己喜愛的小東西，或是用黏土捏出自己喜歡的造型。

· 步驟當中提到巧拼正面，即為巧拼的有紋路面；巧拼背面，即為巧拼的無紋路面。

Pin²

Part 1 **主體**

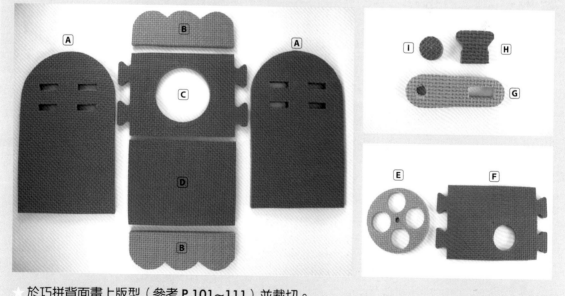

★ 於巧拼背面畫上版型（參考 P.101~111）並裁切。
版型 C 中間圓的大小請依照步驟 5 的說明裁切。

23

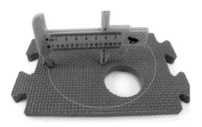

1 取 F 板，正面朝上，利用圓規刀，以中心記號為圓心，劃出半徑 5.9cm 的圓形線槽。

Tip 此圓必須大於 E。

2 裁切後微微扳開巧拼，可見線條開口。

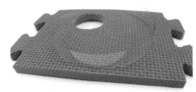

3 將透明膠片固定於線條開口中。

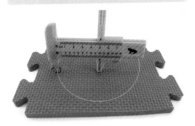

4 取 C 板，正面朝上，在中心點以圓規刀劃一個小於冰品蓋子約 1cm 的圓洞。

Tip 開始此步驟前，務必先測量你要使用的冰品蓋子直徑幾公分喔！

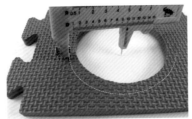

5 再劃一個剛好可放進蓋子邊緣的圓形線槽（不切斷）。

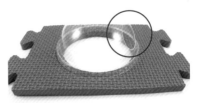

6 在蓋子側邊裁一個直徑約 3cm 的圓洞為絨球置入口，將蓋子邊緣插入圓形線槽並黏合固定。

Part 2 組裝

Tip 紋路面朝下可減少機關運作時的摩擦阻力。

1 E 版型無紋路面朝上，將吸管插入於中心圓點並黏合固定。

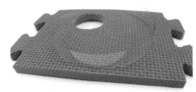

2 F 正面朝上，將筷子固定黏合於中心點。

3 將 2 片側板 A（正面朝外）黏合於底板 D（正面朝上）兩側。

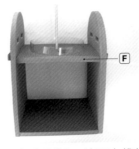

4 將 F 板與側板 A 的下卡榫接合。

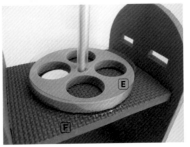

5 將 E 吸管套入 F 竹筷，並嘗試旋轉吸管確認可正常轉動。

6 將 C 的圓洞穿過吸管，與側板 A 的上卡榫接合。

7 將吸管穿入手把 G 圓孔中並黏合，手把 H 插入 G 長方孔中並黏合。

8 將小圓 I 與竹筷頂端黏合。

Tip 請勿將小圓I與手把G黏合，否則會無法轉動。

9 將裝飾板 B 正面朝外，固定於前後兩邊，遮住夾層。

10 可利用輕黏土製作水果，或是喜愛的小物件黏貼裝飾於主體上。

11 利用輕黏土做一顆較大的草莓，當做置入口的蓋子（此步驟可省略），完成。

12 使用方式：將小絨球放入置入口中，轉動把手。

カメラ

閃光燈
照相機

從孩子的視窗向外看，
喀擦喀擦的拍下什麼樣的景色呢？

材料		
巧拼（32×32×1cm）	2 片	
棉花棒罐	1 個	
彩塑條	3 條	
透明膠片（3.5×2.5cm）	2 片	
彈簧	1 個	
圓形泡棉	1 片	
圓形泡棉	1 片	
雙腳釘	1 個	
2 入 3 號長型電池盒	1 個	
0.5cm 無段小按鈕	1 個	
LED 白光恆亮燈炮	1 個	
100 公分織帶	1 條	

Tip

- 巧拼、彩塑條、和圓形泡棉的顏色可參考做法內的配色，也可以隨自己喜好選擇不同的顏色，做出獨一無二的照相機！
- 步驟當中提到巧拼正面，即為巧拼的有紋路面；巧拼背面，即為巧拼的無紋路面。

Pin²

Part 1 鏡頭

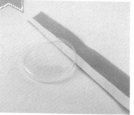

1 取一彩塑條 A，將一長邊黏上雙面膠。

2 將彩塑條 A 對折黏合。

3 棉花棒罐蓋子外側黏上雙面膠。亦可使用熱溶膠或保麗龍膠。

4 將彩塑條 A 延著蓋子雙面膠處繞兩圈，將彩塑條繞完。

5 取一小段其他顏色彩塑條 B，裁成 2cm 寬。

6 將彩塑條 B 黏於 A 接縫處，裝飾較為美觀。

7 將棉花棒罐身黏滿雙面膠，留靠近開口處約 1cm 不黏，取一彩塑條 C，裁成一半，纏繞於罐身黏雙面膠處。

8 完成鏡頭與鏡頭蓋。

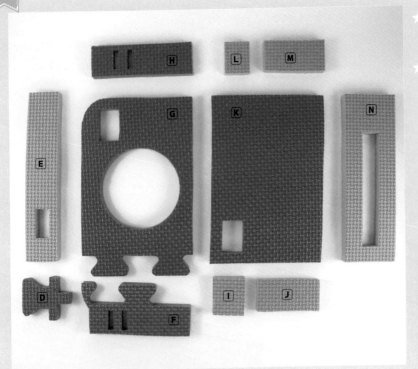

★ 參考 P.113 ～ 119 版型，於巧拼背面描繪並裁切。

★ G 板中的圓形需自行裁切，先測量鏡頭（棉花棒罐）的半徑，減 **0.1cm** 即為圓形的半徑。可剛好卡住鏡頭體。

1 在 G、K 視窗口的背面黏上透明膠片。

2 將織帶由側板 F 外下方口穿入，再從上方口穿出，並將織帶黏合固定。

3 將織帶另一端以步驟 2 的方式穿入側板 H，記得確認織帶為順向，再黏合固定。

4 將 I 與 J 黏合成 T 字型 Q，L 與 M 黏合成 T 字型 R。

5 將鏡頭裝入 G 圓洞口，再將 Q 黏於左側視窗口下方、R 固定於右側。

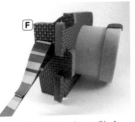

6 將側板 F 與 G 黏合。

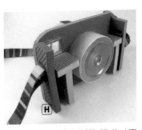

7 再次確認織帶為順向，再將側板 H 與主體 G 黏合。

8 將底板 N 裝上電池盒，電池盒口朝外（有紋路面），並黏合固定。

Tip R 下方較短，為保留電池盒空間。

9 將 G 於鏡頭左上方戳一個小洞。

10 將 LED 燈泡塞入洞口。

11 於正面檢視燈泡，燈泡不需太突出。

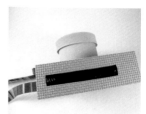

12 將底板 N 固定黏合於機體下方。

Tip 小洞位置不要太靠近上方，上方需保留上蓋E的黏合空間。

13 將無段按鈕在 R 板上找到對應快門鈕的位置，並安裝電池測試燈泡可正常亮。

14 將快門鈕 D 套上彈簧，並將彈簧尖端穿刺巧拼內，以固定並避免按壓時鬆脫。

15 測試快門鈕 D 是否可正確按壓到無段按鈕，再以熱熔膠固定無段按鈕。

16 將雙腳釘穿過兩個泡棉。

17 再將泡棉雙腳釘固定於 E，並將背板 K 黏合於機體後方。

18 取一彩塑條，裁出兩個方形視窗 3.5×2.5cm。

19 將視窗黏於 G 及 K 的視窗口，完成。

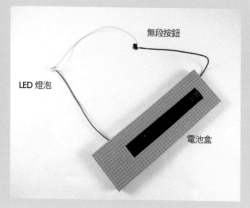

無段按鈕

LED 燈泡

電池盒

Tip 電路連接細節。
一般家庭沒有銲槍，因此可在購買材料時，先請老闆協助銲接。

眠り姫

城堡
防撞墊

床是睡美人的城堡，

夢裡有公主王子陪我一起玩。

城堡防撞墊

材料	
雙面雙色巧拼（62×62×2cm）	5 片
竹籤	數支
泡棉	數片

Tip

- 使用 **2cm** 的厚巧拼才能達成防撞的緩衝效果，如果只想裝飾床頭，也可以使用一般的薄巧拼。

- 步驟當中提到巧拼正面，即為巧拼的有紋路面；巧拼背面，即為巧拼的無紋路面。

Pin²

Part 1 主體

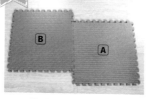

1 取兩片雙面雙色巧拼，拼成一上一下。A為主城牆，B為側城牆。

2 將底下裁切。A 高度為 42.5cm（含凸）、B 高度為 53cm（含凸）。

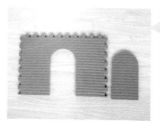

Tip 可利用鍋盤類輔助畫出拱形的圓。

3 在 A 中心位置裁出一個拱形做為城堡門。

- 泡棉雙面膠的黏性和強度較高，可用於將防撞墊固定於牆面。

31

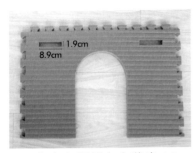

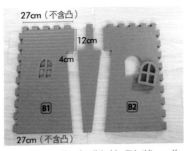

27cm（不含凸）

12cm

4cm

B1

B2

27cm（不含凸）

B2 A B1

4 在左右兩側上方裁出 1.9×8.9cm 的長方形洞孔。1.9cm 為巧拼厚度減 0.1cm，請依使用巧拼調整。

5 將 B 裁出對等形狀，為 B1、B2，並於適當位置切出窗型，窗型翻面套上。

6 將 B1、B2 位置左右對調，即可與 A 卡榫接合。

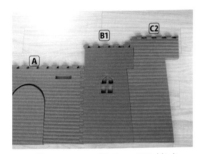

C1 C2

簡易版型標示：

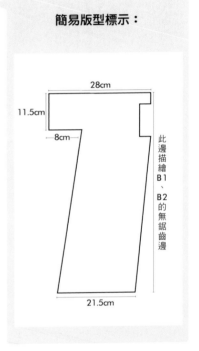

28cm

11.5cm

8cm

此邊描繪 B1、B2 的無鋸齒邊

21.5cm

7 將 B1、B2 內側的鋸齒插銷裁下 2 個。

8 取巧拼依標示裁成邊緣城牆 C1、C2。

B1 C2

A

9 將 C1、C2 與 B1、B2 接合，即完成所有城牆。

Part 2 **城堡與小塔臺**

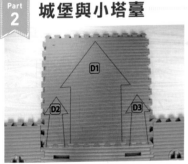

D1

D2 D3

Tip 務必將巧拼與 A 接合再畫，以對準卡榫位置。

5cm 5cm

1 取 1 片巧拼與 A 卡榫接合，以鉛筆畫出城堡 D1 和 D2、D3 小塔臺，並裁下。

2 將 D1 翻面，依標示描繪出拱形窗戶，實線完全切開，虛線為線槽不切斷。

3 完成窗戶門片，可自由開關。

4 於窗戶門片下方裁出一個 1.9×15cm 的長方洞孔。

5 D2、D3 中間裁出窗戶，並翻面套上，完成小塔台。

6 城堡與小塔臺完成後，利用巧拼邊條、泡棉，裝飾在城堡上，形成立體感。

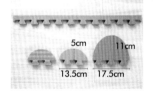

7 利用裁剩的餘料，連接於左右側城牆 B1、B2 上方鋸齒卡榫中心點處，裁成兩個小塔臺。

8 將小塔臺和城堡裝上。

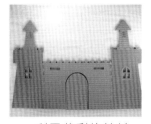

Part 3 城堡陽台小置物架

Tip
大陽台：半圓寬11cm（不含凸），長17.5cm。
小陽台：半圓寬5cm（不含凸），長13.5cm。

1 利用邊條和剩下的餘料依標示裁成半圓形，並留下凸邊做為卡榫，做出城堡陽台置物架。

2 將邊條和半圓黏合。

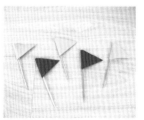

3 完成後，小陽台裝置在城牆 A 兩側洞孔，大陽台則裝置在城堡 D1 窗下洞孔即可。

Part 4 旗幟製作

1 取 5 支竹籤。

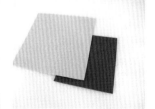

2 將泡棉剪成數個小三角形。

3 將竹籤與泡棉黏合即成為旗幟。

4 插於城堡和小塔台上。

ファーム
小手農莊

開滿玫瑰的花園，
嘿呦嘿呦拔蘿蔔的田地，
趁天氣好時曬曬衣服吧，

最後悠閒釣魚渡過一個下午。

掃描 QR CODE 或
輸入網址
https://youtu.be/
vmhvv14b4XM，
觀看玩法影片。

小手農莊

材料

大巧拼（62×62×1.5cm）		2 片
小巧拼（32×32×1cm）（顏色可隨喜好調整）		4～5 片

黃色巧拼：屋頂、小鴨、曬衣桿底座、魚
紅色巧拼：房子、魚
綠色巧拼：樹
白色巧拼：乳牛
橘色巧拼餘料：紅蘿蔔

不織布（顏色可隨喜好調整，尺寸依步驟裁切）　　數片

米色（或杏色、土黃）：蘿蔔田
深綠色：玫瑰園、增加場景
深藍色：增加場景
淺藍色：海浪
白色：海浪

泡棉（A4）：水槽		1 張			
2cm 黃色毛絨球		數個			
3mm 黑色小珠		數個			
造型泡棉（蘋果、草地、柵欄等）		任意			
彩塑條	數條		綠色毛根	數支	
大冰棒棍	2 支		細繩	1 條	
雙腳釘	1 支		小氣球	數個	
小鈴鐺	2 個		竹筷	1 支	
迴紋針	1 個		緞帶	1 條	
織帶	1 條		小橡皮筋	數條	

Tip

· 迷你農莊內含許多小道具，適合 2 歲以上的小朋友訓練小手靈活、手眼協調。

· 請家長務必陪同孩子一起玩喔！避免孩子誤食較小的配件。

· 步驟當中提到巧拼正面，即為巧拼的有紋路面；巧拼背面，即為巧拼的無紋路面。

Pin²

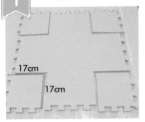

1 取 1 片大巧拼，翻至背面，四邊各量 17×17cm，並裁下。

2 將巧拼翻至正面，將尺對齊邊界，切出線槽（不切斷），四邊皆同。

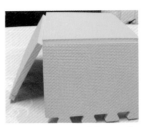

3 切開後凹折，即為可收納的主體 A。

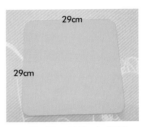

4 取另 1 片取大巧拼，裁成 29×29cm 正方形。四角可修飾為圓角。

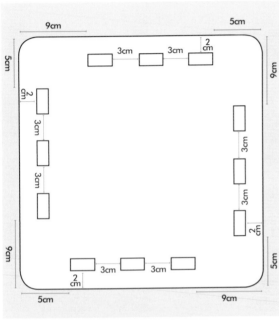

5 將巧拼翻至背面，在距離邊緣 2cm 處割出 3×1.5cm 的插銷洞孔，每邊各 3 個。1.5cm 為巧拼厚度，請依使用巧拼調整。

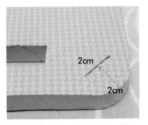

6 將巧拼翻至正面，在兩個對角向內 2cm 處各切開一條 2cm 的線口。

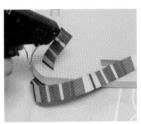

7 取一條織帶（背帶或緞帶皆可），由底下往上穿過線口。並將織帶尾端黏合。

8 完成提蓋。

花圈

1 取 1 張不織布，裁成 20×12cm，並於布上平均做出 12 個記號，每排 4 個，共 3 排。

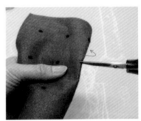

2 將每個記號點對折後剪開 0.5cm 小口，展開後為 1cm 大小。

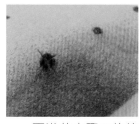

3 再沿著步驟 2 的線口對折剪開，即成十字開口。

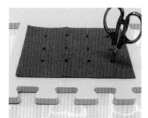

4 將不織布鋪於主體 A 背面，利用尖頭的剪刀，在每個記號點上戳洞。

5 取 1 根吸管，將吸管轉動鑽出可裝入吸管的洞口，並將吸管剪成 12 小段，每段 1cm。

Tip 在步驟 4、5 鑽洞的時候請小心切勿鑽穿巧拼，要保持巧拼紋路面的完整。

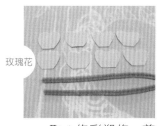

Tip 要注意過量的膠會堵住吸管洞孔喔！

6 將不織布對準洞孔後，與巧拼黏合，在洞孔內加入微量的膠，再插入 1cm 小吸管。

玫瑰花

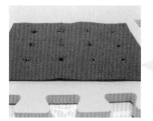

1 取 1 條彩塑條，剪出八片 3×3cm 的蘋果形狀。形狀大小不一並不影響美觀，排列須由小至大，此為花瓣。

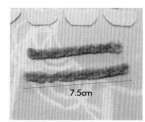

7.5cm

2 將一支毛根對折後扭轉在一起，以增加硬度，再對折一次，剪成兩半，長度約 7.5cm，共需12根。

3 將毛根用一片花瓣包起來。

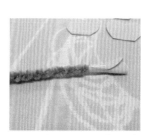

4 利用透明膠帶固定黏合，即為花蕊。

5 將花瓣一層一層黏上。

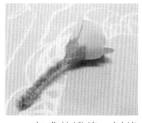

6 完成花瓣後，以綠色紙膠帶修飾美觀，完成玫瑰花。

7 不織布邊緣黏上現成的泡棉柵欄即完成。

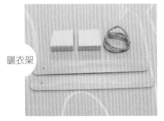

曬衣架

1 準備 2 支大冰棒棍，1條細繩，和2片3×3cm的巧拼塊。

2 在冰棒棍尾端各鑽 1 個小洞，並綁上細繩連接。

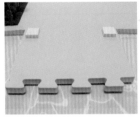

Tip 膠上於巧拼塊的邊緣，避免中間上膠，下個步驟才不會切不開。

3 選擇主體 A 任一區域布置曬衣場，將步驟 1 的巧拼塊黏於距離邊緣 1cm 處。

4 使用刀片在巧拼塊上切出 1.8cm 長線口。切深，但不切穿主體的紋路面。

5 插上冰棒棍，完成曬衣架。

Tip 曬衣架為活動式，勿死黏，避免無法收合。

6 剪一片 4×3cm 的 2mm 泡棉。

Tip 泡棉也可以不織布代替。

7 將泡棉三個邊緣上膠，留一個開口，黏於曬衣架旁。

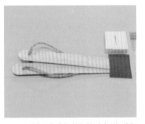

8 將冰棒棍收於泡棉開口內，即完成曬衣架收納。

水龍頭

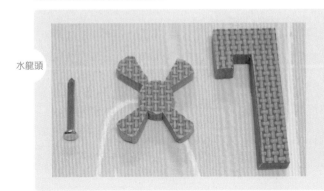

★ 參考 P.125 版型，切割出水龍頭開關與水管，並準備 1 支雙腳釘。

1 將雙腳釘穿過水龍頭中心，再於雙腳釘末端上膠，並穿入水管中心。

Tip 膠不可黏到水龍頭，否則將無法轉動。

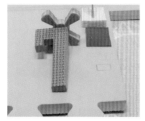

2 將水龍頭開關與水管結合，完成可轉動開關的水龍頭。

3 於收納泡棉旁約2cm處，以美工刀劃出 1.5×1cm 方型線槽（1cm 為巧拼厚度）。

4 利用尖頭剪刀，挑起劃開的方形，做出淺槽口。

5 即可插入水龍頭。水龍頭為活動式，收合農莊時可取下。

水槽

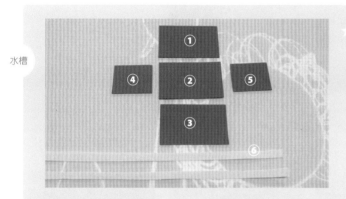

★ 取 1 張泡棉，裁切尺寸：
①、③ ─ 7×4cm
② ─ 7.5×4cm
④、⑤ ─ 4×4cm
⑥ ─ 23×1cm

1 ②為底座，依序黏合。

2 再黏上 2 條⑥泡棉作為裝飾。

3 衣物可用不織布剪裁各種樣式，夾上小木夾，完成曬衣場。

Part 4　乳牛牧場

乳牛

1 取 1cm 厚巧拼，參考版型 P.127，裁出乳牛形狀。

2 在乳牛肚子洞口上方，用美工刀劃開一條線口，塞氣球用。

3 將不織布剪成不規則狀，黏於乳牛肚子上（背面較不易脫落）。

4 用奇異筆畫出乳牛眼睛。

5 於乳牛脖子部位綁上鈴鐺。

 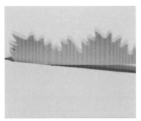  

6 將 2 ～ 3 個 3 吋氣球打一點點氣進去，打結綁好。

7 從乳牛正面放入氣球，再以竹籤協助塞入氣球頭。

8 完成乳牛。

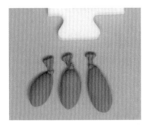

牧場

1 將泡棉剪成草地的樣子，也可在文具店購買到成品。在主體 A 任一區域劃一條比草地多 0.5cm 的線槽。

2 手扶巧拼邊緣並用力扳開，使線條微微開啟，加入一點膠，並置入草地。

3 在草地的後方做一個 3.5×1cm 的淺槽口。

4 乳牛牧場完成。

Part 5 **蘿蔔田**

蘿蔔

1 利用多餘的巧拼餘料，厚度不拘，蘿蔔主體長度為 2.3cm。蘿蔔葉尺寸為 2.5×2cm，可使用不織布、薄泡棉或彩塑條製作。

2　利用剪刀修剪巧拼四角邊。

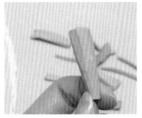

3　將邊角都修掉，並剪成上寬下窄形狀。

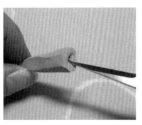

4　使用尖頭剪刀，將蘿蔔頭戳出較大的洞。

5　將蘿蔔葉黏出摺痕，塑造立體感。

6　將蘿蔔頭的洞口上膠。

7　利用竹籤協助將蘿蔔葉塞入洞中。

8　蘿蔔完成。

田園

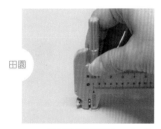

1　利用圓規刀，在主體 A 任一區域劃出半徑 0.5cm 的圓。

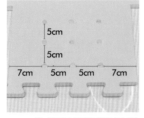

2　依標示間距將圓做成淺槽，形成蘿蔔坑。

3　裁切 3 條 21×3cm 的不織布，當作土壤。

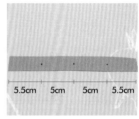

4　在不織布上依標示做記號。

5　在每個記號點對折後剪 0.5cm 小口，展開後為 1cm。

6　展開後再沿著上一步的線口對折剪開，成十字開口。

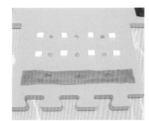

7　取 12 片 1×1×0.5cm 的巧拼塊，平均擺放在蘿蔔坑旁邊黏妥，將不織布土壤的十字開口對準坑洞後覆蓋黏合，邊緣也需黏合。

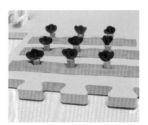

8　將蘿蔔插入坑洞，完成蘿蔔田。

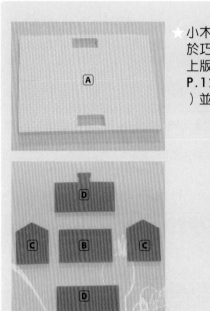

⭐ 小木屋牆面：於巧拼背面畫上版型（參考P.121～127）並裁切。

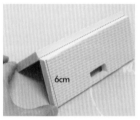

1　於屋頂中心6cm處，劃一條線槽，切開不切斷。

2　將牆面組裝黏合。窗戶可自行裁切喜愛的形狀。

3　黏合固定完成。

4　套上屋頂，將小木屋底部黏於主體A中間區域。

5　取泡棉剪裁出大門的形狀（參考P.125），以竹籤輕劃，隨興劃出一條條直線木痕。

6　利用打洞機做出門把圓。

7　將門把圓黏於門上，再將門與小木屋黏合，利用現成泡棉材料裝飾門前即完成。

Tip　小木屋的屋頂為活動式，內可收納農場配件。

1 裁切4片18×18cm 不織布。

2 將其中一個角,剪下1.5×1.5cm的正方型缺角(1.5cm為巧拼厚度)。

3 於主體缺角處將不織布與巧拼黏合,新增場景。

4 共增加4個場景。

Part 8 釣魚場

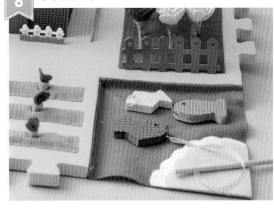

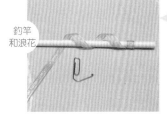

釣竿和浪花

Tip 前方尖銳部分往內彎折,避免小孩受傷。

1 取1支竹筷、1支迴紋針和1條緞帶(或任何線類)。在竹筷上黏一圈緞帶固定,將迴紋針尾端拉開做成鉤子。

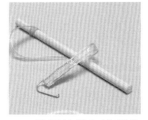

2 將迴紋針包進緞帶內並黏合。

3 取白色和水藍色不織布,重疊後相黏,在角落隨興的剪出波浪狀。

Tip 浪花底部不上膠,可當作收納魚竿的口袋。

4 將漸層浪花邊緣上膠,黏於其中一個不織布場景的角落。

魚兒

1 利用巧拼餘料裁切出各種魚兒形狀,並用簽字筆畫上眼睛。

2 將魚的前端切開線槽。

3 準備小橡皮筋,套在線口上。再將線口確實黏合,避免橡皮筋掉出。

4 釣魚場完成。

鴨鴨戲水池

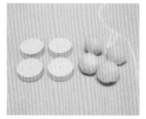

1 取 1 片巧拼，裁切數個半徑 **1.5cm** 的圓片，準備數個絨毛球。

2 將絨毛球的一邊壓扁，做出鴨嘴的形狀。

3 將巧拼圓片與絨毛球黏合。

4 黏上**3mm**的黑眼珠即完成小鴨。放於其中一個不織布場景。

蘋果園

蘋果樹

★ 於巧拼背面畫上版型（參考 P.129）並裁切。

1 將 2 片套上後成為立體蘋果樹。

2 將現成蘋果泡棉黏上立可帶式膠帶，蘋果可重覆黏貼。失去黏性時，再重新上膠即可。

3 蘋果樹完成，放於其中一個不織布場景。

蔬果
竹簍

使用 2mm 泡棉裁剪成下列尺寸：
① 短木板 5X1cm，10 根。
② 內圈長木板 17X1cm，1 根。
③ 外圈長木板 19X1cm，1 根。
④ 小圓，半徑 2cm。
⑤ 大圓，半徑 2.2cm。

1 取小圓，將短木板一根根黏於邊緣，每條間距約 0.5cm。

2 取內圈長木板，從其中 1 根短木板內側中心點開始黏合。

3 完成內側固定。

4 取外圈長木板，黏於短木板外側頂端，並將大圓重疊黏於小圓上。

5 完成蔬果竹簍。

Part 11 收納

1 在小木屋的側邊，間距約 3 公分處開線口置入草地，即可成為蘋果樹的收納。

2 水龍頭也可和蘋果樹收納在一起。

3 掀開小木屋頂，底層先放入魚，再放置玫瑰及鴨子。

4 曬衣場收納。

5 乳牛收於小木屋前的柵欄。

6 將主體四邊的巧拼往上收攏，蓋上蓋子，完成收納。

45

フーズボール

貓咪推推毛線球

轉動把手推推球，
滾來滾去的掉進洞裡了。

貓咪推推毛線球

材料		
巧拼（32×32×1cm）	3	片
彩塑條	4	條
氣球棒	2	根
繡線	1	捲
保麗龍球（直徑 2cm）	1	顆

Tip

- 貓咪也可以換成小狗、猴子、人形等你喜歡的動物喔！上網找喜歡的圖案列印下來，描在巧拼上裁切下來即可！
- 步驟當中提到巧拼正面，即為巧拼的有紋路面；巧拼背面，即為巧拼的無紋路面。

Pin²

Part 1 貓咪與毛線球

1 利用一些較大塊的餘料，裁成貓咪造型。參考版型 P.137。

2 利用尖頭小剪刀在貓咪側邊由下往上間距 3.5cm 處戳深洞。

3 將氣球棒插入洞口內，並延伸至另一邊。

Tip 以旋轉方式慢慢將氣球棒插入，巧拼若是較薄，須小心避免戳破。

4 氣球棒穿過尾巴，並將貓咪加以裝飾。

5 備妥兩隻貓咪。

6 將繡線不規則纏繞在保麗龍球上，最後以些許熱熔膠黏住線頭，完成毛線球。

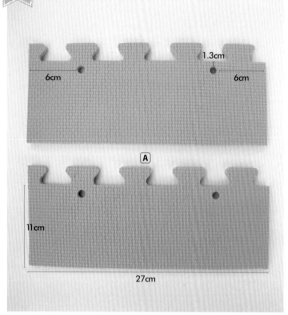

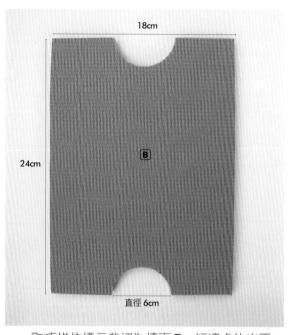

1 取巧拼依標示裁切 2 片側板 A。

2 取巧拼依標示裁切為檯面 B。短邊處的半圓，可依照滾球大小調整半圓大小，以球不卡住為原則。

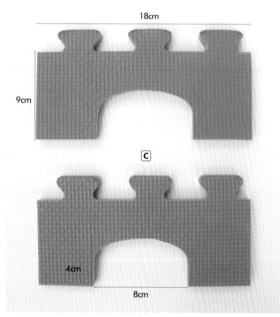

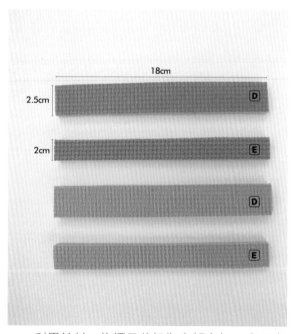

3 取巧拼依標示裁切為 2 片側板 C。

4 利用餘料，依標示裁切為底部支架 D 和 E 各 2 片。

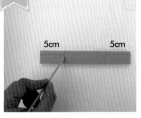

1 取 1 片 D，在左右兩側間距 5cm 處畫上直線記號。

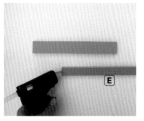

2 取 1 片 E，在短側邊上膠。

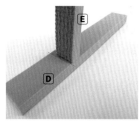

3 將 E 上膠處垂直黏於 D 的直線記號上。

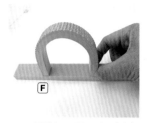

4 再將 E 另一短側上膠，黏於 D 的另一處記號上，呈現拱形。此步驟重複做出兩個，完成 F。

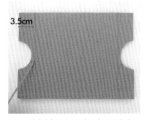

5 於檯面 B 左右兩側，間距 3.5cm 處畫出直線記號。

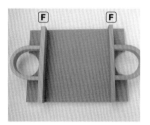

6 將 F 黏於檯面 B 的直線記號上。

7 將檯面 B 側邊上膠。

8 黏上 A，並與 F 底部對齊，另一側也是相同作法。

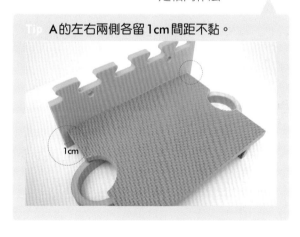

Tip A的左右兩側各留1cm間距不黏。

9 將貓咪氣球棒套入 A 的洞孔中，並使用膠帶將彩塑條固定在氣球棒上。

10 將彩塑條整條捲在氣球棒上並黏牢，即為手把。

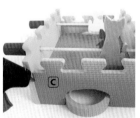

11 重複步驟 10，完成 2 支手把。

12 將 C 黏合固定於兩側開口即完成。

刷卡機

材料		
巧拼（32×32×1.5cm）	2～3 片
厚紙板（厚度 2mm）	1 張
彈簧	1 個
洗車海綿	1 個
硬質透明膠片	1 片
霧面透明膠片	1 片
雙腳釘	1 個
彩塑條	1 條
塑膠小藥瓶	1 個
無段式按鈕	1 個
綠光 LED 燈泡	1 個
2 入式 3 號電池盒	1 個

Tip

- 硬質透明膠片厚度約為 **0.1cm**，如果買不到，可以將 **2～3 片**較薄軟的透明膠片黏合增加硬度。

- 步驟當中提到巧拼正面，即為巧拼的有紋路面；巧拼背面，即為巧拼的無紋路面。

Pin²

Part 1 主體

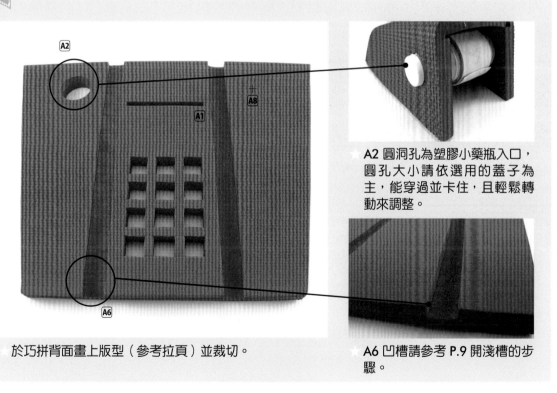

於巧拼背面畫上版型（參考拉頁）並裁切。

★ A2 圓洞孔為塑膠小藥瓶入口，圓孔大小請依選用的蓋子為主，能穿過並卡住，且輕鬆轉動來調整。

★ A6 凹槽請參考 P.9 開淺槽的步驟。

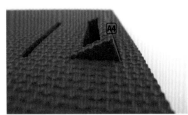

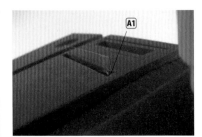

1 依照版型裁切，A7 線不切斷，其餘框線皆切斷。

2 切割完成後，推出並將邊緣固定，呈現立體形狀 A4。

3 主體 A 翻至背面，將 2×6cm 的硬質透明片黏合於洞孔 A1 上側。

Part 2 **電燈安裝**

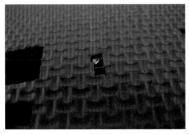

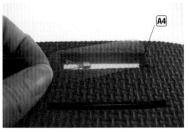

1 將電池盒、LED 和按鈕焊接。（可請電子材料店幫忙焊接）

2 將主體 A 翻至背面，於中間區塊按鈕孔右上方裁出無段按鈕大小的洞孔 A5。

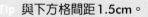
Tip 與下方格間距 1.5cm。

3 將無段按鈕放入 A5 洞孔中並上膠固定，確認不會脫落也可正常通電即可。

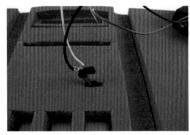

4 按鈕測試，卡片滑過時不會卡住且燈號會亮即可。

5 將燈泡腳直接插入 A4 洞孔右側邊。

6 取 2×6cm 霧面膠片，覆蓋黏貼於 A4 孔洞正面。

Part 3 **數字按鈕**

Tip 汽車海綿彈性較佳，適合用於會反覆按壓的按鈕。

1 將汽車海綿裁切成 12 個 1.4×1.4cm 的海綿方塊。

2 將海綿方塊填塞於 A3 洞孔中，不超出紋路面。

3 裁 1 片 8×6.5cm 方形巧拼 C。

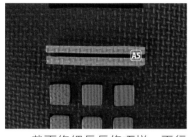

4 將 C 與海綿和主體 A 黏合。

5 裁切 12 個 1.2×1.2cm 的方形巧拼塊。

6 將方形巧拼塊上膠並與底下的海綿黏合。

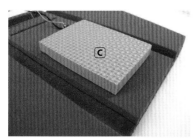

7 裁兩條細長長條巧拼,平行黏於 A5 無段按鈕上下方,避開無段按鈕。

8 將方形巧拼塊寫上數字。

<table>
</table>

Part 4 滾輪

1 取 1 條彩塑條,纏繞於藥瓶上,每一圈都上膠,至彩塑條繞完為止。此為 D。

2 將 D 底部以美工刀劃一道能穿過雙腳釘的開口。

3 將主體 A 翻至背面,將雙腳釘由正面穿至背面的 A8 中心點。

4 將雙腳釘穿過 D 底部。

5 利用剪刀尖端深入 D 中,將雙腳釘打開固定。

6 將主體 A 凹折成ㄇ字型,並將 D 瓶蓋穿過 A2 圓孔。

7 瓶子置妥後,將內側電線收整齊,不折線不壓線,收進凹槽中。

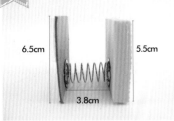

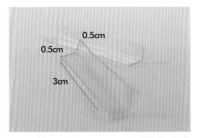

1 將厚紙板、彈簧和巧拼依序相黏,黏合時請立起來以使底部平行。彈簧位置需置於下方如圖,為主要施力點。

2 剪兩張 3×1cm 硬質透明片(也可以厚紙板代替),對折成 L 形。用於固定卡紙整齊。

3 將 L 形透明片依標示黏於紙板上方角落位置,彈簧在下方位置。此為 E。

Tip 厚紙板 6.5×7cm。
巧拼塊 5.5×7.5cm。

4 將 E 與 A、C 相黏固定。放入長條薄紙或名片測試,轉動瓶子時若無法讓紙張順利捲出,請再將 D 多繞半條彩塑條,增加厚度。

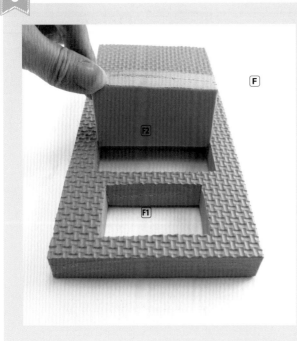

★ 參考拉頁版型,於巧拼背面畫上刷卡機版型並裁切。
★ F2 線不切斷。
★ F1 為電池盒大小

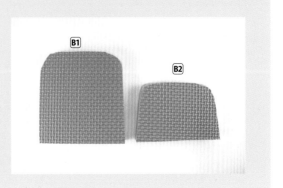

1 將電池盒放入 F1 洞孔中，開口朝正面，並上膠將電池盒四個邊緣固定。

2 將 F2 門片再割一個圓洞或方形洞孔，作為開關門片使用。

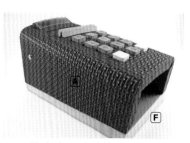

3 將底座 F 與主板 A 黏合。

Tip 以剪刀將內側角邊稍做修剪，門片闔上時較不易卡住。

4 將上下蓋 B1、B2 與主板 A 相黏合。

5 因主板為斜角的關係，會稍微有密合問題，黏合後須加壓固定，可減少縫隙。

Part 7 轉動鈕

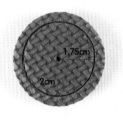

1 取巧拼，裁一個半徑 2cm 的圓，並於正面再劃一個半徑 1.75cm 的圓線槽（不切斷）。

2 將外圈割開處往下翻，即成為帽蓋。

3 將帽蓋與藥瓶蓋黏合，成為轉動鈕。

Part 8 操作使用

1 將尺寸適中的卡紙從底部洞口放入，可放入多張卡紙。

2 轉動帽蓋鈕，可出紙。

3 卡片刷過時，燈光亮起。

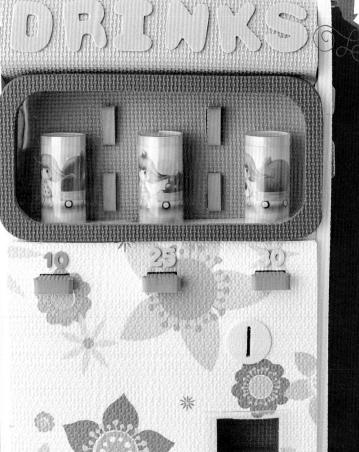

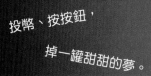

投幣、按按鈕，

掉一罐甜甜的夢。

材料		
花色巧拼（62×62×1.3cm）	1 片
紅色巧拼（62×62×1.3cm）	1 片
紫色巧拼（32×32×1.3cm）	6 片
粉色巧拼（32×32×1.3cm）	1 片
小型彈簧	3 個
透明膠片（4.5×3cm）	3 片
硬質透明膠片（29×9.5cm）	1 片
硬質透明膠片（7.5×7.5cm）	1 片
霧面膠片	1 片
塑膠罐（8×4.2cm）	12 個
字母和數字泡棉	任意

Tip

- 飲料罐中可裝入有包裝的糖果、巧克力，增加飲料罐的重量，按下販賣機按鈕時，飲料罐才可順利掉出。
- 步驟當中提到巧拼正面，即為巧拼的有紋路面；巧拼背面，即為巧拼的無紋路面。

Pin²

- 本篇步驟中的尺寸測量皆不含凸。

Part 1 主體

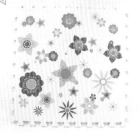

1　取 1 片 62×62cm 巧拼。

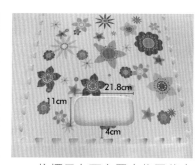

2　依標示在下方置中位置裁出 21.8×11cm 的飲料退出口。

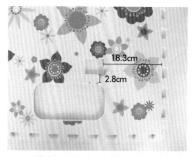

3　依標示在在飲料送出口右上方裁一個 5.5×4.5cm 的退幣口。

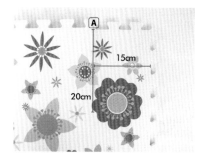

4　依標示在巧拼左右上方，間距邊緣15cm處，各劃開1道20cm的直線A。

5　於 A 線 9cm 處裁開巧拼。

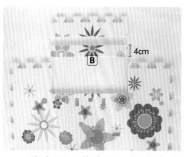

6　將步驟 5 裁出的巧拼裁出寬4cm 的長方形 B，備用。

57

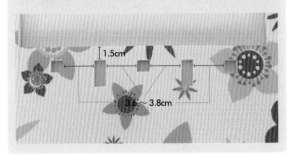

Tip 按鈕洞口尺寸：

①、③、⑤ 1.4x1.4cm，②、④ 3x1.3cm

洞孔之間的間距為3.6~3.8cm，請平均分配，間距將影響飲料儲存盒與機關是否能順利運作。

巧拼易有些微誤差，請依使用的巧拼做調整。

7 依標示在凹處下方裁出機關洞口。

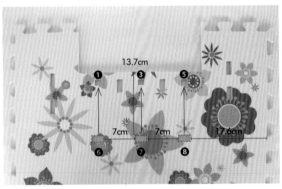

8 依標示在凹處下方裁出按鈕洞口。此排洞口對應上方①③⑤洞孔，請以上方洞口為中心點，安裝按鈕之後才能推到飲料。

Tip 按鈕洞口尺寸：⑥、⑦、⑧ 2.8x1.5cm。
1.5cm為巧拼厚度再增加0.2~0.3cm，避免按鈕卡住。

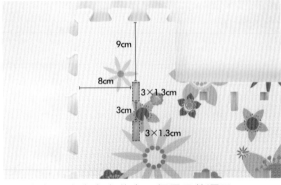

9 依標示在左上方裁出 2 個展示牆洞口。

Tip 1.3cm為巧拼厚度，請依照所使用巧拼的厚度來調整。

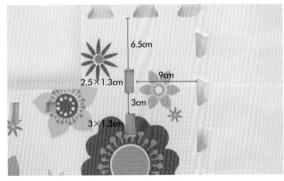

10 右上方也裁出 2 個展示牆洞口。

Tip 左右洞口間距位置不同，請詳參步驟9、10。

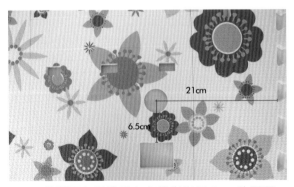

11 依標示在退幣口上方裁出半徑 2cm 的圓洞，為投幣口。將裁下的圓留下備用。

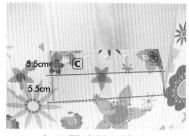

12 將退幣口上方間距 0.5cm 處劃穿長 7.5cm 的線口。

13 在間距邊緣 15cm 處，劃開 1 道線槽（不切斷），另一邊亦同。

14 在 C 區塊間距邊緣 5.5cm 處劃 1 道線槽，在間距線槽 5.5cm 處再劃 1 道線槽。

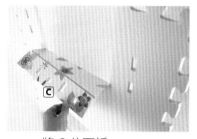

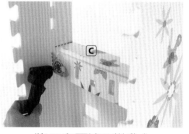

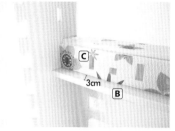

15 將 C 往下折。

16 將 C 與兩端巧拼黏合。

17 將 B 黏於 C 下方，凸出 3cm。

Part 2

按鈕

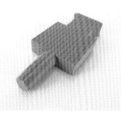

1 參考 P.131 版型，裁出 3 個按鈕。

2 使用剪刀將邊角修飾圓潤。

3 使其變成較圓的形狀。

4 在尾端剪開一個小開口。

> Tip
> 彈簧套入必須鬆動，避免卡卡的，如果卡卡的，則重複步驟 2～3。

5 套入彈簧。

6 將 3 個按鈕從 C 板凹處裝入機關洞孔。

7 按鈕裝置完成後，測試按鈕活動順暢，若卡住，則檢查洞孔是否對應或按鈕修剪不夠。

隔板和機關安裝

飲料隔板與底座

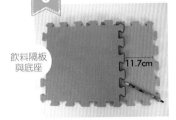

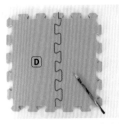

11.7cm

D

E

1 取 1 巧拼背面朝上，再取 1 巧拼正面朝上，在間距 11.7cm 處將鋸齒描繪於巧拼上。

2 鋸齒狀描置完成並裁下，作為底座 D。

3 在右側空白處繪製飲料隔板（參考版型 P.131）並裁下，共需 2 個，為 E。

展示牆

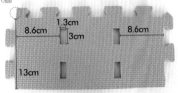

8.6cm   1.3cm   8.6cm
         3cm
13cm

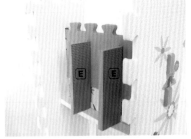

E   E

1 取 1 片巧拼，依標示裁成展示牆版型。

2 將展示牆安裝於主體上方。

3 將飲料隔板 E 與展示牆接合。

Tip 請將左上角凸邊的◁裁下。

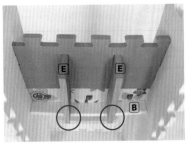

E   E

B

4 將飲料隔板與 B 板黏合固定。

5 安裝完成。

機關助力透明片

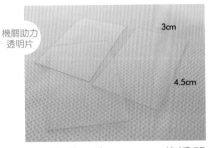

3cm

4.5cm

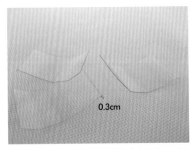

0.3cm

1 準備 3 片 3×4.5cm 的透明片。

2 將透明片稍微捲出坡度，並在其中一短邊處折出 0.3cm 的直角，3 片皆同。

3 將透明片直角插入按鈕後端開口中黏合固定。

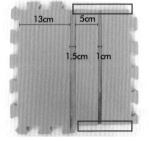

1 參考版型 P.133，裁出錢幣儲存盒版型。

2 在背面劃出版型標示的線槽。

3 將儲存盒上膠固定。

4 將儲存盒覆蓋投幣口和退幣口與主體黏合固定。

5 完成錢幣儲存盒。

13cm 5cm

1.5cm 1cm

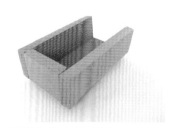

1 取 1 片巧拼，於背面裁出頂蓋版型。依間距標示裁出 2 個淺槽，紅框處裁下凸邊。

2 將頂蓋正面朝上，與主體接合。

3 將前端往內折。

4 並與展示牆板接合。

5 將底座 D 接合於主體下方。

6 底座 D 背面朝上安裝。

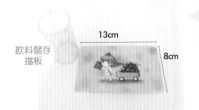
飲料儲存
擋板

13cm
8cm

Tip 透明塑膠罐的
建議尺寸為直
徑4.2cm,高
8cm。

1 準備紙軸圓桶或透明塑膠罐,利用影印圖案或
自行製作外觀圖示。

2 將圖案紙套入罐中。
可準備3種圖案,
每個圖案各4罐,共需
12個罐子。

3 取1張29.5×9.5cm
的硬質透明片。

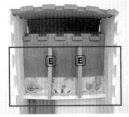
E   E

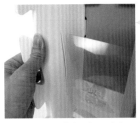

Tip 此步驟進行前,
請先確認飲料可
順利放入不卡住。

4 將透明片穿過兩張
飲料隔板 E。

5 將主體左右兩側,各劃開1條線槽,並將透
明片插入線槽中並黏合。

6 裁3片7.5×4cm的
霧面膠片,並將長
端剪成流蘇狀。於硬質
透明片內側黏妥,為防
止飲料罐掉落之擋片。

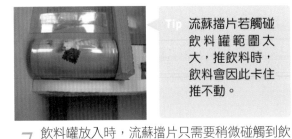

Tip 流蘇擋片若觸碰
飲料罐範圍太
大,推飲料時,
飲料會因此卡住
推不動。

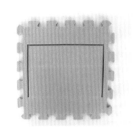

Tip 霧面透明片可使
用L型夾的透明
片。

7 飲料罐放入時,流蘇擋片只需要稍微碰觸到飲
料罐,使其不會直接掉落即可。

8 一排可放置3瓶飲
料罐。

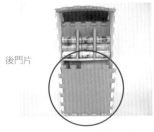
後門片

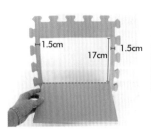
1.5cm   1.5cm
17cm

1 取1片完整巧拼,
安裝於主體後方,
為下背板。

2 取1張巧拼依標示
裁成門片,虛線處
請由背面劃1道線槽(不
切斷)。

3 將門片邊緣切薄。

4 門片製作完成。

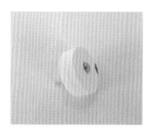

5 將 PART 1 步驟 11 裁下的圓，由正面穿過雙腳釘。

6 將雙腳釘刺穿門片並固定。

7 將餘料裁成 27×3 cm，並固定於門片背面，作為門擋。

8 將門片安裝於下背板上方。

Part 4

外部裝飾

櫥窗及字母

1 取三個罐子並黏合於展示櫥窗上。

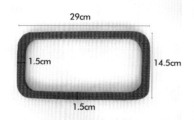

2 裁一個 29×14.5cm 的櫥窗框，框粗 1.5cm，並與透明膠片黏合。

3 將櫥窗框固定於展示櫥窗上。

4 取字母與數字泡棉，固定於適當位置。

5 裁 1 個半徑 2.1cm 的圓，並裁出 2.8×0.3cm 的硬幣投入口。

6 套入主體圓洞口中並黏合。

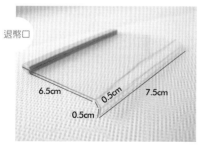
退幣口

1 取 1 片 7.5×7.5cm 的硬質透明片，在前端折兩折，並將後端黏上泡棉，避免割傷。

2 將透明片凹折處插入退幣口上方線口並黏合固定。

3 完成飲料販賣機。

キッチン
豪華廚房組

冰箱、流理臺、瓦斯爐、烤箱……，
我也可以煮飯給爹地媽咪吃！

豪華廚房組

材料

巧拼（32×32×1cm）
紫色	31 片
粉色	26 片
藍色	15 片

（配色僅供參考，可自行更換）

巧拼（62×62×1cm）
紅色	2 片
藍色	2 片

（巧拼配色僅供參考，可自行更換）

A3 瓦楞板	2 片
A3 透明膠片	1 片
彩塑條	1 條
有耳洗菜籃	1 個
強力小磁鐵	2 個
飾品鋸齒夾	2 個
竹筷	半支
海綿	1 個

Tip

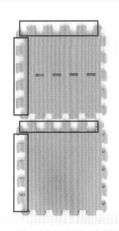

· 豪華廚房組是一件由許多巧拼拼接在一起的大型玩具，整體尺寸 128×32×96cm，若擺放空間不夠大，可自行減少檯面或將冰箱獨立。

· 步驟當中提到巧拼正面，即為巧拼的有紋路面；巧拼背面，即為巧拼的無紋路面。

Pin²

Part 1 主體

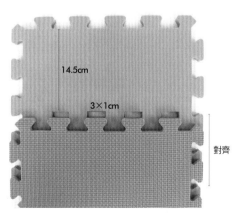

14.5cm

3×1cm

對齊

1 取 1 片巧拼，背面朝上，在間距 14.5cm 處，裁出 4 個 3x1cm 的插銷洞口（見 P.11）。

2 再取 1 片巧拼，將紅框內的鋸齒凹邊做出深口（見 P.11），接合後會成為插銷洞口。

Tip 1cm 為巧拼厚度，請依所使用的巧拼調整。

3 將 2 片巧拼接合，為 A。

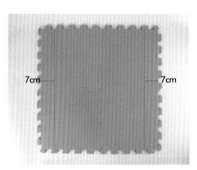

4 取 4 片巧拼組合成大正方形 B，並在左右兩邊間距 7cm 處做記號。

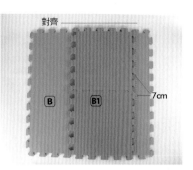

對齊

5 取 2 片巧拼接合為 B1，凸邊對齊步驟 4 記號線，並將所有凸邊位置在 B 板上做記號，左右記號線皆同。

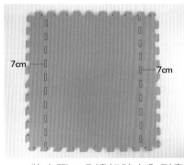

6 將步驟 5 凸邊記號向內側畫成 3×1cm 的方形，並裁下。

Tip 1cm 為巧拼厚度，請依使用巧拼調整。

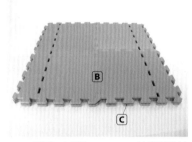

7 重複步驟 4～6，此版型共需 2 張，藍色 B 和粉色 C。

Tip B 為主體背板，C 為烤箱面板。

8 取 2 片巧拼拼接在一起，將右側鋸齒凹邊做出深口（見 P.11）為 D。

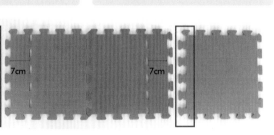

9 取 4 片巧拼作為底板 E。其中 2 片巧拼拼合，於間距 7cm 處做記號，裁出 3×1cm 洞口，做法同 B 板，紅框內裁出深口。

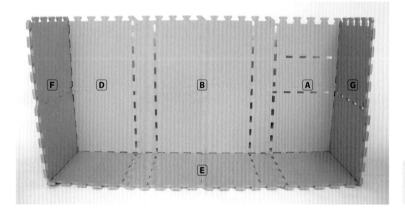

10 將 A、B、D、E、F、G 板組裝完成，成為主體 H。

Tip F 為 2 片完整巧拼接合、G 請參考 PART 2 步驟 1。

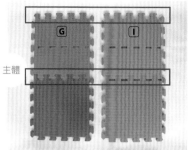

1 將 2 片巧拼接合，紅框處裁出深口，重複相同動作，裁成相同版型 G、I。

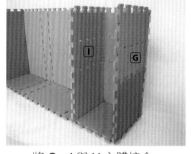

2 將 G、I 與 H 主體接合。

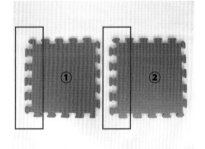

3 取 2 片巧拼，紅框處裁出深口為層板①和層板②。

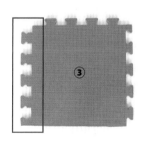

4 取 1 片巧拼，紅框處裁出深口，下側鋸齒切除。此為中層板③。

5 將層板①安裝於 G、I 之間最下層，深口處向左。

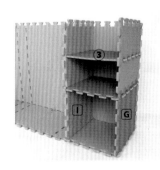

6 將層板③安裝於 G、I 之間的中間層，無鋸齒面朝外。

7 將層板②安裝於 G、I 之間最上層，深口處向左。

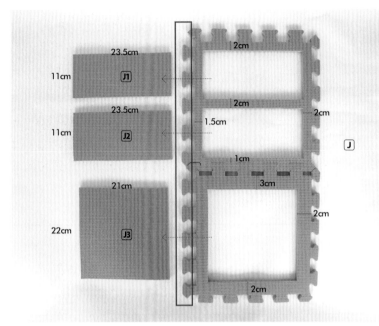

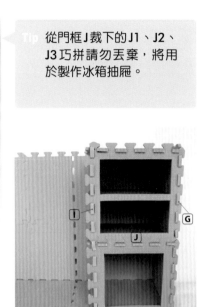

Tip 從門框J裁下的J1、J2、J3巧拼請勿丟棄,將用於製作冰箱抽屜。

8 取 2 片巧拼接合作為冰箱抽屜的門框 J,接合處與紅框處做出深口,並依標示裁切中間區塊。

9 將 J 與 G、I 接合。

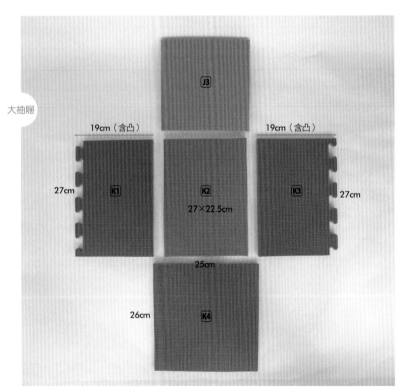

大抽屜

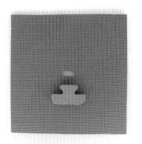

2 參考 P.141 版型裁出把手共 4 個。

1 取巧拼依標示裁成抽屜版型 K1 ~ K4,J3 為冰箱主體步驟 8 裁下的巧拼。

3 K4 中心裁出一個 3×1cm 的洞孔,將手把插入洞孔內。

4 將抽屜版型黏合，完成大抽屜。

5 翻至底部，取三片餘料堆疊後固定於底座，增加高度使抽屜不傾斜。亦可防止小朋友將整個抽屜拉出。

6 將大抽屜放入冰箱最下層

小抽屜

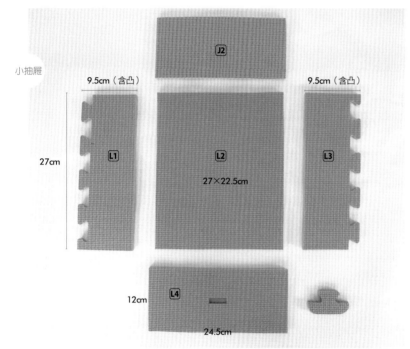

9.5cm（含凸）　　　9.5cm（含凸）

27cm

L1　　L2　　L3

27×22.5cm

12cm　L4

24.5cm

1 取巧拼裁成抽屜版型 L，J2 為冰箱主體步驟 8 裁下的巧拼。

2 將抽屜黏合組裝完成。

3 插上手把。重複步驟 1 ～ 3，做出兩個相同的抽屜。

4 翻至底部，取三片廢材堆疊後固定於底座，增加高度使抽屜不傾斜。

5 將小抽屜裝至冰箱中層。

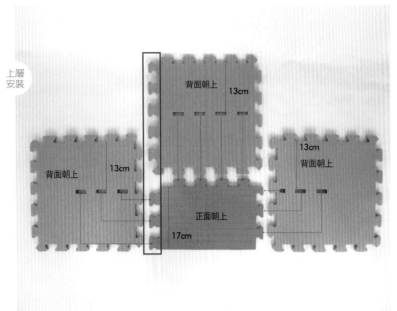

背面朝上　13cm

背面朝上　13cm

13cm
背面朝上

正面朝上

17cm

1 取 4 片巧拼作為冰箱上層。紅框內裁出深口。依照線條指示對應鋸齒凸邊，裁出 1×3cm 的插銷洞孔。

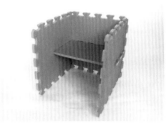

2 將層板組裝，拼合於 G、I 頂部。

3 取 1 片巧拼，紅框內裁出深口。安裝於層板頂部，完成冰箱上層。

1 取巧拼依標示裁成保鮮抽屜版型。

保鮮
抽屜

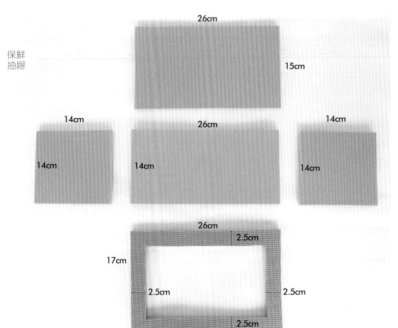

26cm

15cm

14cm

14cm

26cm

14cm

14cm

14cm

26cm

2.5cm

17cm

2.5cm

2.5cm

2.5cm

2 準備 1 張透明膠片，黏於框的背面。

3 將保鮮抽屜組裝黏合。

4 將保鮮抽屜置入上層框中。

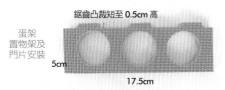

鋸齒凸裁短至 0.5cm 高

5cm

17.5cm

1 取巧拼依標示裁成蛋架版型。圓的大小依照手邊的雞蛋玩具尺寸來裁切。

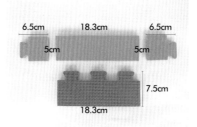

6.5cm　18.3cm　6.5cm

5cm　　　　　5cm

7.5cm

18.3cm

2 取巧拼依標示裁成置物架版型。

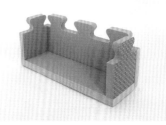

3 將置物架組裝黏合。

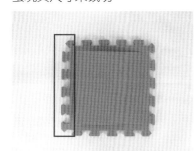

4 取 1 片巧拼，紅框內裁出深口。

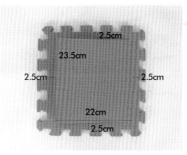

2.5cm

23.5cm

2.5cm　　　　　2.5cm

22cm

2.5cm

5 依標示裁出一邊不切斷的正方形，為冰箱門片。

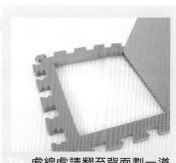

Tip 虛線處請翻至背面劃一道線槽（不切斷）。

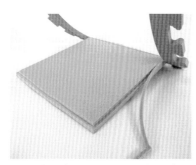

6 將門板翻至背面，將門邊切薄（見 P.10），以利門片開關。

5cm

7 在門片背面間距邊緣 5cm 處，對應蛋架凸邊裁出 3 道線槽。

8 使用刀片或尖頭剪刀做出淺槽口。

71

9 完成蛋架淺槽口共 3 個。

10 在門片上裁出 1×3cm 的洞孔，裝設手把。

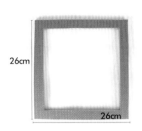

11 取巧拼依標示裁出 3cm 寬的正方框形，為門擋框。

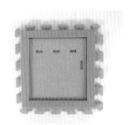

12 將框黏合於門片背面。可防止門片往內推。

13 將置物架置於門片背面，確認門片開關時不會卡住再黏合固定。

14 將蛋架黏合於淺槽口。

15 將門片與冰箱上層接合。完成冰箱。

Part 3

烤箱

主體

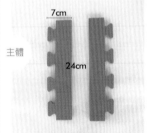

1 依標示裁 2 片巧拼做為烤箱盤支架。

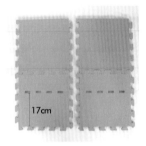

2 取 4 片巧拼，接合為 2 組，並將上方凸邊裁下，為烤箱隔板 M。下方巧拼間距邊緣 17cm（不含凸）處，裁出 3x1cm 插銷。

3 將烤盤支架安裝於 M 背面的插銷上。

4 將 M 與主體 H 接合。

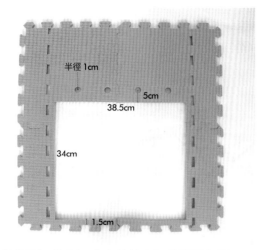

半徑 1cm
5cm
38.5cm
34cm
1.5cm

5 將版型 C 依標示裁出烤箱門框及開關鈕洞口。

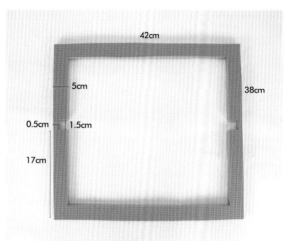

42cm
5cm
38cm
0.5cm 1.5cm
17cm

6 取 62×62cm 巧拼，依標示裁成烤箱門擋。

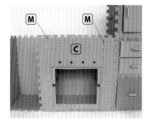

7 將門擋固定黏合於 C 背面。

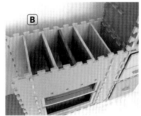

8 取巧拼，裁成支架隔板 27.5×20.5cm，共 3 片。

Tip 可利用步驟6裁下的餘料。裁切巧拼的過程中所產生的餘料都可以留著，能製作一些小零件。

9 將隔板固定於門擋上方位置，避開開關鈕圓洞口即可。

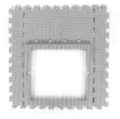

M M
C

10 將 C 與 M 接合。

B

11 將隔板另一端固定於 B。

烤盤

1 取 62×62cm 巧拼，裁 成 38×27cm 的長方形，並利用開淺槽技巧（見 P.9）做出烤盤造型。

2 淺槽寬度約 0.5cm。烤盤四角修圓。

3 取 1 張瓦楞板，裁成 37.5×26.5cm，黏合於烤盤背面，增加烤盤硬度及支撐力。

4 將烤盤置入烤箱中。

開關鈕

1 參考 P.137 版型，裁出開關鈕，將凸形套入圓形中即可。

2 重複步驟 1，製作 7 個開關鈕，可自行調整不同大小。

3 將開關鈕套入烤箱上方的圓洞口。

4 安裝完成

Tip 部分開關鈕將用於瓦斯爐和洗衣機。

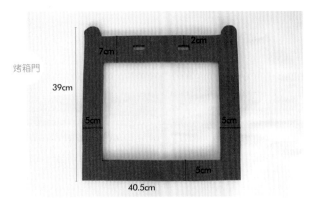

烤箱門

1 使用 62×62cm 巧拼製作烤箱門片。上方插銷 3×1cm 請以手把間距裁切。

2 參考 P.139 版型，裁出烤箱把手。

3 將烤箱門片與手把接合。

4 裁 4 片 3×8cm 彩塑條。

5 將彩塑條從烤箱框 C 底下縫隙穿入。

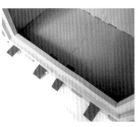

6 穿過至烤箱內部。

7 將彩塑條黏合固定於烤箱門片上，成為開闔扇葉。

8 將穿至內部的彩塑條黏合於門擋片內。

9 使用螺絲起子於烤箱右上角處戳個洞（不穿透），洞口勿大於磁鐵。

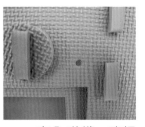

10 塞入磁鐵，確認不會彈出或鬆脫。

11 將飾品齒夾吸附在磁鐵上。

Tip 彈出即是洞口太小，鬆脫則是洞口太大，必須使用 AB 膠固定。

12 將烤箱門片關上，並按壓齒夾吸附位置，使齒痕印在烤箱門片上。

13 將兩條齒痕切出線槽（不穿透）。

14 放入齒夾，將齒夾壓入即可固定，不需使用膠。重複步驟 9 ～ 14，完成烤箱左上角。

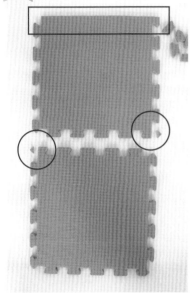

1 取 2 張巧拼，依標示將尖角邊及上方鋸齒裁掉，並將巧拼接合。

2 將步驟 1 與主體 H 和烤箱 C 板接合。

3 取一有耳洗菜籃，當做洗衣機內籃，在中心鑽一個洞。並測量洗菜籃的直徑大小。

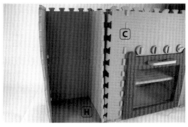

4 取 2 片巧拼接合，將下方巧拼裁一個小於洗菜籃 0.5cm 的圓，作為洗衣機門框。

5 取 1 張瓦楞板，裁一個圓框，內圓半徑與步驟 4 相同。固定黏合於正面圓框。

> Tip 瓦楞板可避免巧拼與巧拼摩擦時的阻力。

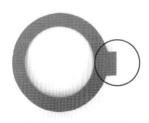

6 取巧拼裁出一個圓圈框，外圓直徑同步驟 5。並多留一個凸出長方形，為洗衣機門板。

7 將門片翻至背面，貼上圓形透明膠片，並在凸出部分切出線槽（不切斷）。

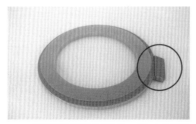

8 裁一個巧拼凸邊，並切一道開口套入洗菜籃耳，作為洗衣機把手。

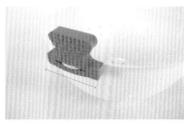

> Tip 外圈與洗衣籃同樣大小，長方形略大於洗衣籃耳。

75

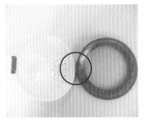

9 將門片凸出的長方形黏於洗菜籃另一耳。

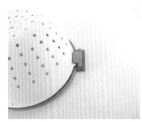

10 在背面黏上一小片巧拼增加固定強度。

11 洗衣機門利用巧拼材質的防滑特性，讓手把卡住門片，所以沒有額外製作開關卡榫。

12 裁兩條 1cm 寬的細長巧拼，黏於洗菜籃的內側邊緣，避免衣物掉出。

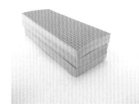

13 將 3 片 17×5cm 長方形巧拼互相黏合，為 N。

14 使用大於竹筷直徑的物件，穿透 N。

Tip 間距位置請依照手邊的洗菜籃中心位置決定（請參考步驟18～21）。

15 準備半截竹筷及 2 個半徑 1cm 的巧拼圓。

16 將竹筷穿入一個巧拼圓（不穿透），並黏合固定。

17 將竹筷穿過洗菜籃中心洞口。

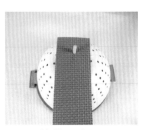

18 接著再穿過 N。

19 再將另一個巧拼圓穿過竹筷，黏合固定於竹筷上，使其不會滑動。

20 將洗菜籃放入洗衣機門框中，接合於烤箱旁。

21 將 N 直立，尾端與主體 H 黏合。

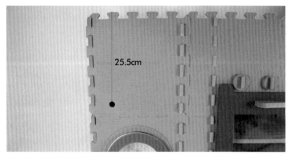

22 依標示將門框左上方劃出一個半徑 1cm 的圓口。

25.5cm

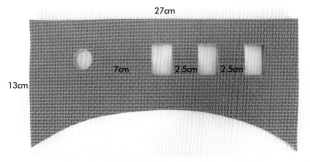

23 取巧拼依標示裁出洗衣機按鈕板，圓口半徑為 1cm，方形洞口皆為 3×2cm。

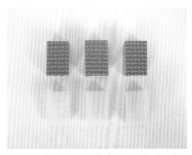

24 使用餘料裁出 3 個小方形，及 3 個海綿塊（厚度 1cm）尺寸皆為 2.9×1.9cm。

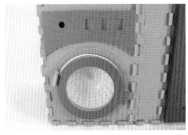

25 將按鈕板對準圓口並黏合。

26 將海綿放入方形洞口黏合。

27 將步驟 24 的小方形黏於海綿上，圓孔套入開關鈕，完成洗衣機。

Part 5

瓦斯爐

★ 參考 P.135 裁出 2 個瓦斯爐圓盤和 8 個瓦斯爐支架。

1 將瓦斯爐支架與瓦斯爐圓盤接合。

2 完成瓦斯爐架。

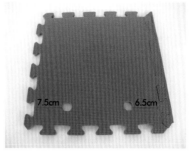

3 取 2 片巧拼及邊條。

4 將邊條與巧拼接合，在巧拼上劃出兩個半徑 1cm 圓洞。

5 重複步驟 4，並將紅框處裁出深口，製作兩片相同的版型 O。

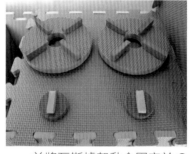

Tip 使用 **2** 片巧拼重疊，可增強檯面的硬度與穩定度，以防坍塌，如使用較厚的巧拼製作，則使用單片巧拼即可。

6 將開關鈕裝入洞口，並將 O 安裝於烤箱上方。

7 並將瓦斯爐架黏合固定於 O 上即可。

Part 6 **流理臺**

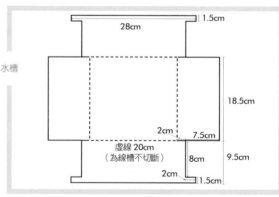

水槽

28cm
1.5cm
18.5cm
2cm
7.5cm
虛線 20cm
（為線槽不切斷）
8cm
9.5cm
2cm
1.5cm

1 取一張 62×62cm 的巧拼，翻至背面，裁出水槽版型。

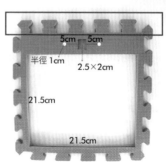

5cm　5cm
半徑 1cm
2.5×2cm
21.5cm
21.5cm

2 以不切斷方式切開四邊。

3 取 2 片 32×32cm 巧拼，紅框處裁出深口。依照圖中標示裁成水槽座口，並將 2 片巧拼重疊黏合。

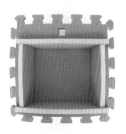

4 將水槽版型套入水槽座口。

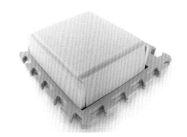

5 互相黏合固定。

6 參考 P.141 版型裁出出水口，共需 2 個方向相反的出水口。

Tip 描版型時將版型反過來描即可畫出反方向水龍頭。

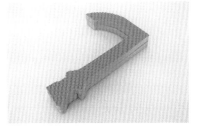

7 將兩片互相黏合。

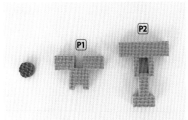

8 參考 P.139 版型，裁出水龍頭開關 P1、P2 各 2 個，和直徑 1.5cm 的圓，藍色、紅色各 1 個。

9 將 P1 穿過 P2 的洞口，向上卡住卡榫。

10 組裝完成後，可使用膠加以固定。

11 將藍紅小圓切薄，黏於水龍頭頂端，以區分冷熱水。

12 將水龍頭開關套入水槽座的圓洞孔中，將出水口裝置在中間方形洞口。

13 取 2 片 32×32cm 巧拼，左上方接近邊緣處裁出 3×1cm 插銷，右上方標示處裁出深口。

14 將水槽座接合於洗衣機上方，步驟 13 巧拼接合於水槽旁。

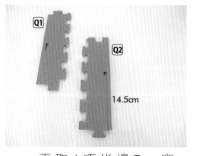

1 取巧拼直角邊依標示裁成盒子版型。

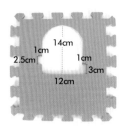

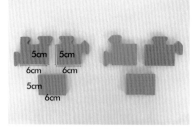

2 互相黏合成為兩個置物盒。

3 取 1 片巧拼，紅框內裁出深口並裁出一個拱型窗口，為窗框 P。

4 取另 1 個顏色的巧拼，裁出相應的窗型。

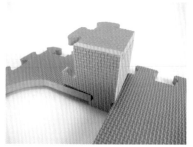

5 將步驟 3 的置物盒卡榫套入拱型窗口。

6 卡榫套入窗口，可避免放置物品時盒子脫落。

7 將窗型與拱型窗口黏合，窗型可略往前推，做出立體效果。

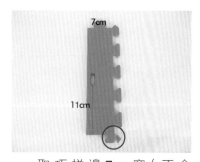

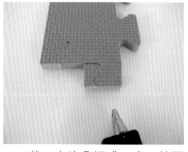

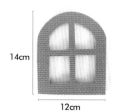

8 取巧拼邊 7cm 寬（不含凸），並裁出 3×1cm 插銷洞孔，為置物盒插銷口。並將尖頭凸裁下為 Q1。

9 裁一小塊凸切成一半，放至另一側，並與另一個凹黏合固定。

10 再取 1 巧拼邊 7cm 寬，依標示裁出 3x1cm 插銷洞孔。為 Q1、Q2。

Tip 請注意尺寸標示，Q1、Q2 的插銷洞孔位置不同。

11 取巧拼邊塊接合於 P 上，裁出小三角形並黏合。

12 取 1 巧拼接合於窗框 P 上方，裁出三角形如標示，並在兩側接合 Q1、Q2。

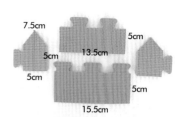

13 取巧拼依標示裁出置物架版型。

14 將置物架組裝黏合。

15 取 1 片巧拼，正面朝上，放上置物架，於鋸齒凸處做記號，裁出置物架洞口。

16 將置物架接合，為 R。

17 將 R 接合於 P 的右側，P 的左側再連接一塊巧拼即成為背板。

18 R 的右側裝上邊條。

19 最左側安裝 1 片巧拼，增加背板支撐度，可裁出自己喜歡的形狀。

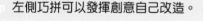

Tip 左側巧拼可以發揮創意自己改造。

20 將背板下方鋸齒插入檯面上的洞孔，即可完成背板安裝。

バス

公車
野餐吧

今天想去哪裡野餐呢？

坐上野餐公車吧，我們出發吧！

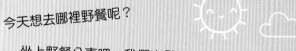

材料		
大巧拼（100×100×1.5cm）	7 片
瓦楞板	1 片
雙腳釘	1 個
裝飾貼紙（泡棉）	任意

Tip

· 因大巧拼拍攝困難的關係，本篇做法中使用等比例縮小的巧拼來拍攝，所以在邊緣鋸齒部分會與實際巧拼有所差異，除此之外，所有做法與公分數都是按照大巧拼來製作設計的喔！

· 步驟當中提到巧拼正面，即為巧拼的有紋路面；巧拼背面，即為巧拼的無紋路面。

Pin²

Part 1 **主體**

1 取 1 巧拼 A 在背面寬 15cm 處做記號線。

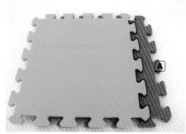

2 取另 1 片巧拼，背面朝上，凸邊對齊記號線，並將鋸齒描繪於 A 上。

3 將 A 上描繪的鋸齒裁下。

4 重複步驟 1～3 裁出共 4 片。A 為前車體、B 為後門、C 為上蓋、D 為底座。

83

5 將 A 裁成前車體。裁出上方路線牌框和下方擋風窗。裁下的擋風窗餘料留下備用，可製作吧檯。

6 取 1 片巧拼將左右兩邊裁出新的鋸齒，寬為82 公分（不含凸）。為隔板 E。

簡易版型標示（不含四邊鋸齒）：將巧拼翻至背面，再照著版型指示裁切，翻至正面即如步驟5圖。

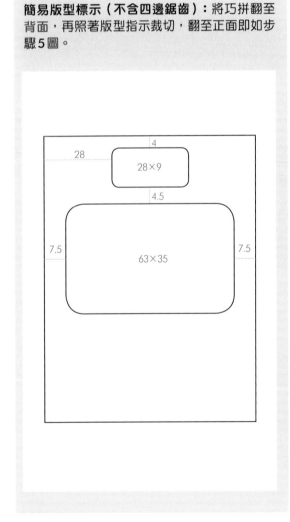

Tip 鋸齒切割近拍。

1cm
1.5cm
9cm
8cm

簡易版型標示（不含上下邊鋸齒）：將巧拼翻至背面，再照著版型指示裁切，翻至正面即如步驟6圖。

5.5
8
9
11.5
8
9
11.5
8
9
11.5
8
9
11.5
8
9
5.5
1
82
1.5

• 單位：cm
• 巧拼因不同廠商出產，在尺寸上會有些許誤差，若間距尺寸與書中標示不符時，請自行微調。

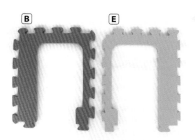

7 將 B 後門和 E 隔板裁出相同但相反的形狀。

8 將 B1 及 E1 裁出座椅插銷口。E 板下方凸鋸齒裁掉不使用。

9 將 E 板右下角裁出司機座椅插銷口,並將上方凸鋸齒裁掉。

Tips 插銷洞孔1.5cm為巧拼厚度,請依所使用巧拼之厚度自行調整洞孔寬度及間距。

簡易版型標示(不含四邊鋸齒): 將巧拼翻至背面,再照著版型指示裁切,翻至正面即如步驟7、8、9圖。

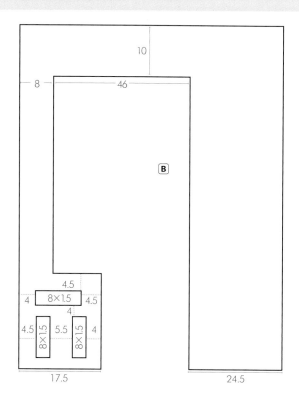

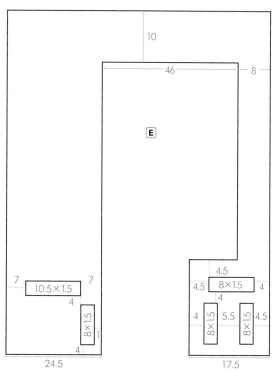

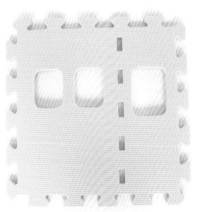

10 取 1 片巧拼做為左側車體 F。

簡易版型標示（不含四邊鋸齒）：將巧拼翻至背面，再照著版型指示裁切，翻至正面即如步驟10圖。

5.5

8×1.5

17.5

11.5

8×1.5

21×27

21×27

8

22×35

8

8×1.5

6

6

11.5

8×1.5

11.5

8×1.5

11.5

8×1.5

5.5

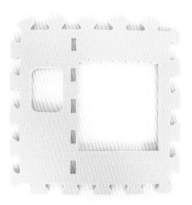

11 再取 1 片巧拼做為右側車體 G。

簡易版型標示（不含四邊鋸齒）： 將巧拼翻至背面，再照著版型指示裁切，翻至正面即如步驟 11 圖。

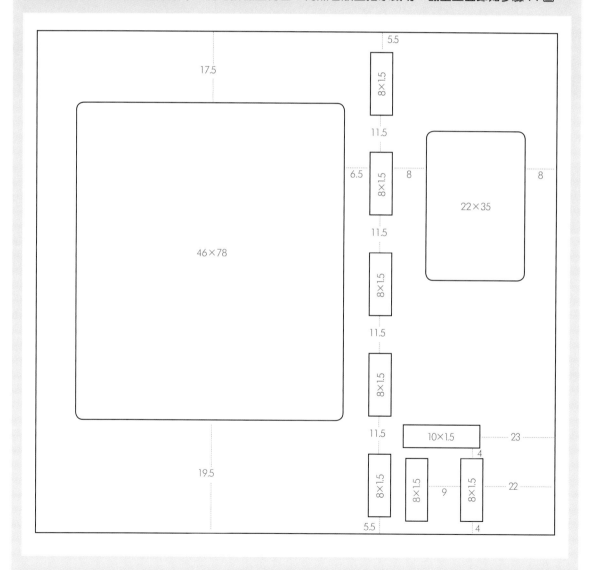

1 取餘料裁成 10×1.5cm 寬長條形共 2 個。

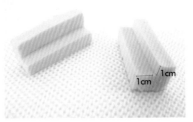

2 將無紋路面裁成階梯形，裁下部分為 1cm 寬。H1、H2。

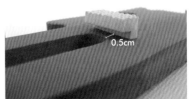

3 將 H1、H2 缺角處向內，黏於 A 板背面，路線牌洞口邊緣間距 0.5cm 處。

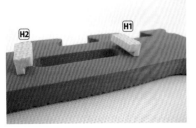

4 將 H1、H2 左右兩邊對齊並黏妥。

5 取 1 片瓦楞板，裁成 28.5×10cm 的長方形，並將四個角邊修圓，於瓦楞板兩面標上不同的目的地。

6 由底下插入路線牌。

7 可依照不同路線更換路牌目的地。

8 取 1 個餘料，裁成半徑 8cm 的外圓，內圓半徑 5.5cm，為方向盤。

9 將雙腳釘由巧拼正面插入圓的中心點。

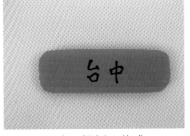

10 將方向盤安裝於 A 板背面，左側接近擋風窗口位置。

11 將 A 板正面露出的雙腳釘，以造型貼紙或泡棉修飾保護。

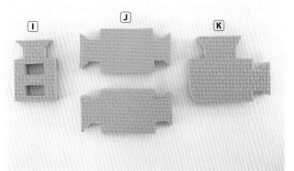

簡易版型標示（不含四邊鋸齒）：將巧拼翻至背面，再照著版型指示裁切，翻至正面即如步驟1圖。

1　利用餘料製作司機座椅版型。

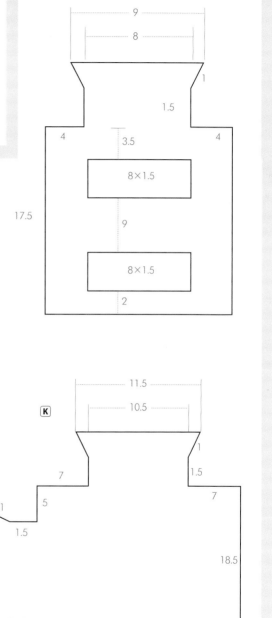

Ⅰ

9
8
1
1.5
4   3.5   4
8×1.5
17.5
9
8×1.5
2

Ⅱ

1
1.5
4
22.5
8
9
16

Ⅲ

11.5
10.5
1
1.5
7   7
5
1
1.5
11 10
4
18.5
24.5

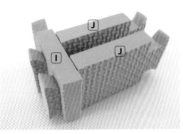

2 將 2 片 J 卡榫套入 I 板中。

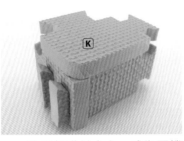

3 將 K 板黏於上方,成為司機座椅 L。

4 取餘料裁成 3 片 63.5×16cm 的長方形。

5 將 M1、M2 直角黏於 M3 上,M1、M2 內間距為 5.5cm。

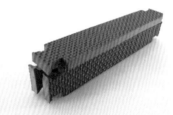

6 翻至正面,即為乘客座椅 O。

簡易版型標示: 將巧拼翻至背面,再照著版型指示裁切共 3 片,翻至正面即如步驟 4 圖。

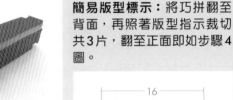

16
9
8
58
4
1.5
1

Part 4

組裝

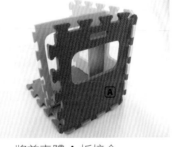

1 將底座 D、右側板 G、隔板 E 接合,再將 L 座椅接合。

2 將前車體 A 板接合。

3 將左側 F 板接合。

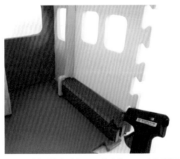

4 將乘客椅 O 套進 E1 插銷口並將整個座椅與車體黏合。

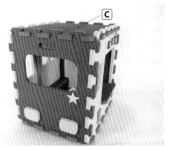

5 　將後門 B 板接合。

6 　將 C 上蓋接合整個車體。

Part 5　餐檯

1 　取巧拼，裁成 21x19.5cm 的方形共 2 片，並留下旁邊的餘料。

2 　將 P1、P2 固定於 G、D 板中。間距將影響步驟 4 抽屜尺寸。

3 　將 P3 固定於 B 板。間距高 19.5cm。

4 　取餘料裁成抽屜版型共 3 組。

簡易版型標示：將巧拼翻至背面，再照著版型指示裁切，翻至正面即如步驟 4 圖。

①的17cm為③的14cm加上②④的厚度1.5cm和1.5cm，若使用的巧拼厚度不同，則必須調整。

⑤的凹處為巧拼鋸齒凹處。

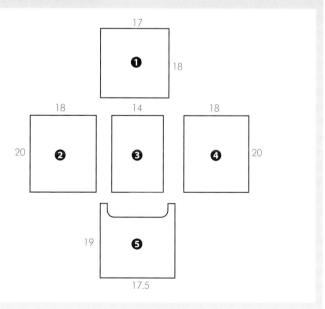

5 　將 3 組抽屜組裝黏合。

6 將抽屜置於 P1、P2 之間。

7 將 A 板裁下的擋風窗作為販售吧檯面。

8 將檯面缺口卡入 G 板窗台。

簡易版型標示（不含四邊鋸齒）：將巧拼翻至背面，再照著版型指示裁切，翻至正面即如步驟 7 圖。

6
1.5
8.2

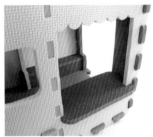

9 將檯面與 P1、P2 黏合固定。

10 使用現成的裝飾品，裝飾吧檯窗口。

11 利用餘料裁出 20×15cm 方形，四個角修圓，作為車燈黏於 A 板上。

12 利用剩下的巧拼餘料裁出 4 個圓，並以邊條包住周圍黏合，固定黏於公車 Bar 的兩面，當作裝飾車輪。

—— 抽獎回函 ——

請您完整填寫讀者回函，並於 2017/02/03 前（以郵戳為憑），寄回時報出版，即有機會獲得 CC 媽咪親手作的巧拼玩具（共 3 個名額）！

獎品分別為：「廚房組」（市值 2,500 元）、「冰箱組」（市值 1,200 元）、「迷你農莊」（市值 1,100 元）各 1 個（實際樣式與書中作品不同），隨機送出。

活動辦法：

1. 請剪下本回函，填寫個人資料，黏封好寄回時報出版（無須貼郵票），將抽出 3 位得獎者。

2. 抽獎結果將於 2017/02/10 公布於「拼拼將 Pin2」粉絲頁，並由專人通知得獎者。

3. 若於 2017/02/20 前，出版社未能收到得獎者的回覆，視同放棄。

4. 主辦單位保留修改活動與獎項細節權利，無須事前通知，並有權對本活動所有事宜作出解釋或決定。

------------------------------------- 對 摺 線 -------------------------------------

讀者資料（請務必完整填寫，以便通知得獎訊息）

姓名： 　　　　　　　　□先生　　□小姐

年齡：

職業：

家裡有_____個孩子，年齡_____歲，性別_____

聯絡電話：（H）　　　　　　　　（M）

地址：□□□

Email：

注意事項：1. 本回函請將正本寄回，不得影印使用

　　　　　2. 本公司保有活動辦法變更及獎品出貨之權利

　　　　　3. 若有其他疑問，請洽（02）2306-6600*8215 許小姐

CC媽咪的 巧拼 玩具遊樂園

CC 陳雲熙 著

手作 *Diy* 的新鮮事

利用家中的閒置巧拼裁切黏貼，變成讓小朋友眼睛一亮的可愛玩具！
柔軟而強韌的巧拼是製作玩具的最好材料，爸爸媽媽動手做，玩不膩的繽紛巧拼玩具給孩子獨一無二的童年。

※ 請對摺黏封後直接投入郵筒，請不要使用釘書機。

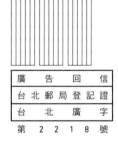

廣 告 回 信
台 北 郵 局 登 記 證
台 北 廣 字
第 2 2 1 8 號

時報文化出版股份有限公司

10803 台北市萬華區和平西路三段 240 號 7 樓

第五編輯部優活線 收

Pato.Pato
遊戲地墊

100x100x2(cm)

安全.無刺鼻味
熱賣款

6 COLORS

伴手禮
数字＋淺骨

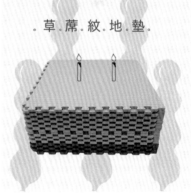
.草.蓆.紋.地.墊.

┃ 兒童遊戲塾 ┃ 安全護牆 ┃ 拼裝運動地墊 ┃ 感覺統合 ┃

CONTACT

Pato.Pato巧拼遊戲地墊
patopatoeva@gmail.com

0910997673
FACEBOOK: PATO.PATO

CC媽咪的 巧拼 玩具遊樂園

── 附錄：版型 ──

A 蓋子

B 盒體—後板

F 盒體—前板

C 盒體－右側板

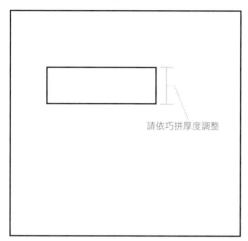

請依巧拼厚度調整

D 盒體－左側板

E 底座（瓦斯爐檯面）

G 小桌檯

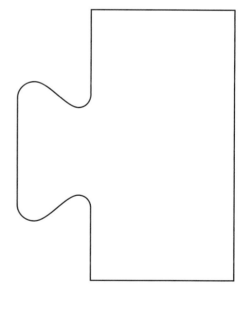

Ⓐ 左右主側板（需要數量 ×2）

請依巧拼厚度調整

B 前後裝飾板（需要數量 ×2）　　　　G 手把

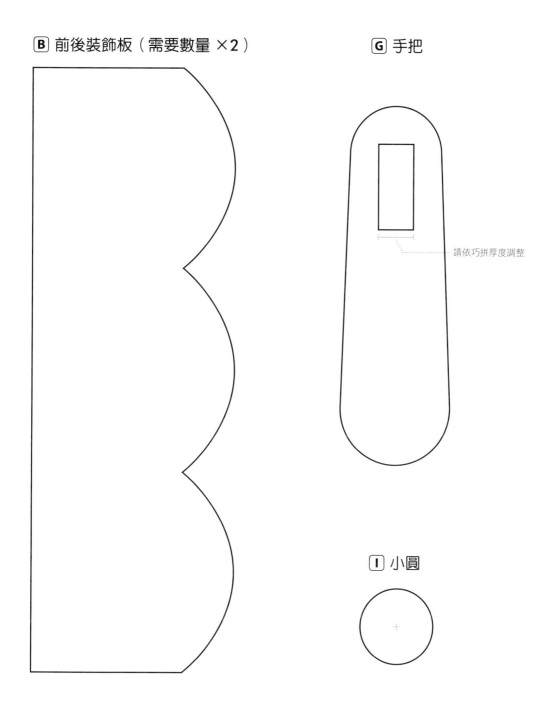

請依巧拼厚度調整

I 小圓

C 主層板

版型描繪完成後，直接由
紙型中心點刺穿至巧拼，
在巧拼上形成中心點。

Ⓓ 底板（可多裁一片，重疊黏合，增加底座厚度和整體穩定性）

H 手把凸

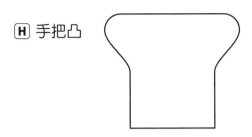

E 機關圓

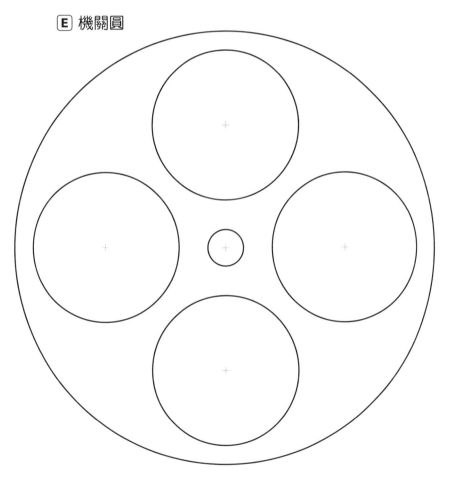

＋ 為圓心，由紙型直接刺穿至巧拼再畫（劃）圓。

F 機關層板

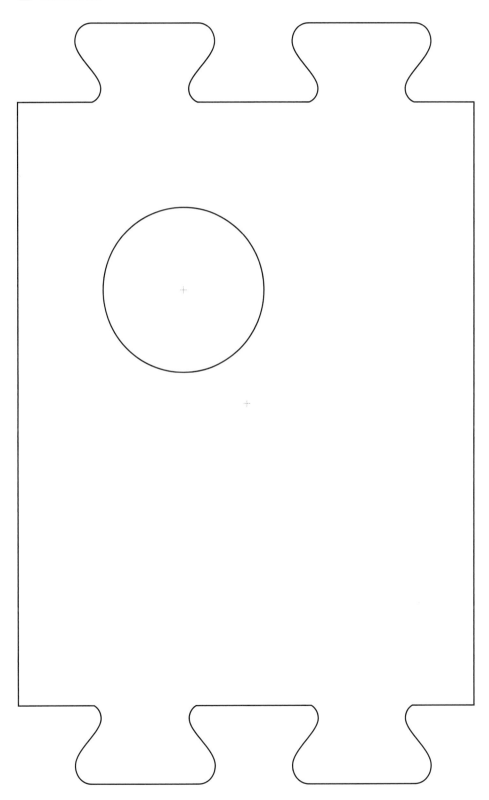

K 相機背面

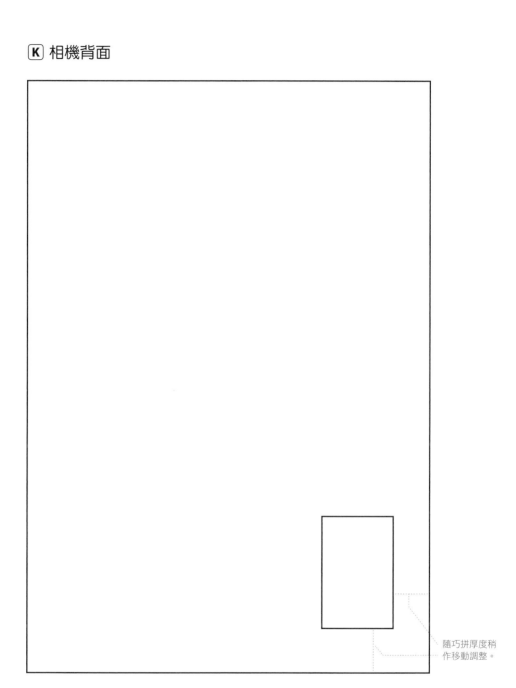

隨巧拼厚度稍
作移動調整。

G 相機正面（鏡頭圓請依照手邊的圓筒直徑測量）

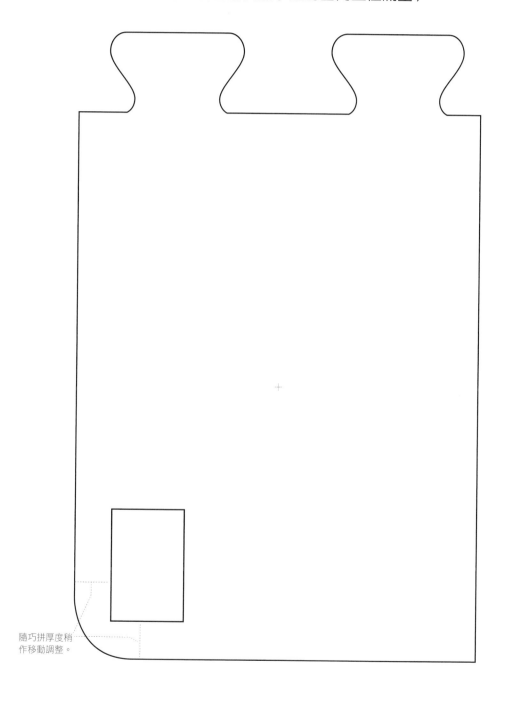

隨巧拼厚度稍
作移動調整。

F 側板

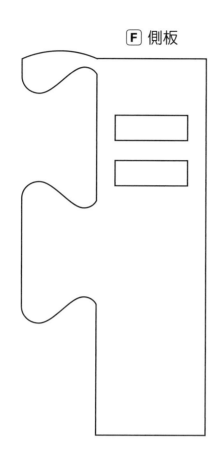

H 側板

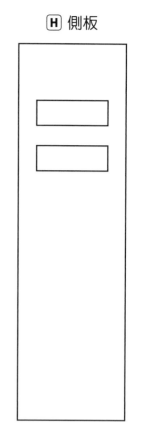

M 右夾層

J 左夾層

D 快門鈕

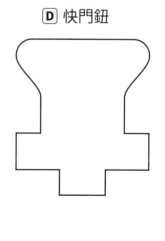

E 上蓋

N 底板

I 左夾層

請依電池盒
大小調整

L 右夾層

請依巧拼厚度調
整，並大於厚度
0.3 公分。

A 小木屋屋頂（虛線為線槽不切斷）

請依巧拼厚度調整，
需大於巧拼厚度 0.2cm

請依巧拼厚度調整，
需大於巧拼厚度 0.2cm

B 小木屋底座

小木屋正背牆**D**的巧拼厚度將影響此寬度。

■ 小木屋門片

C 小木屋左右面（需要數量 ×2）

■ 曬衣場水管

小木屋正背牆 D 的巧拼厚度
將影響此寬度。

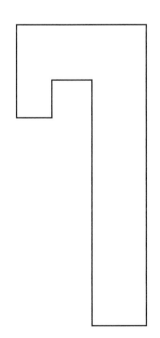

■ 曬衣場水龍頭開關

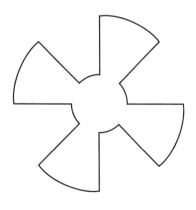

D 小木屋正面及背面（需要數量 ×2）

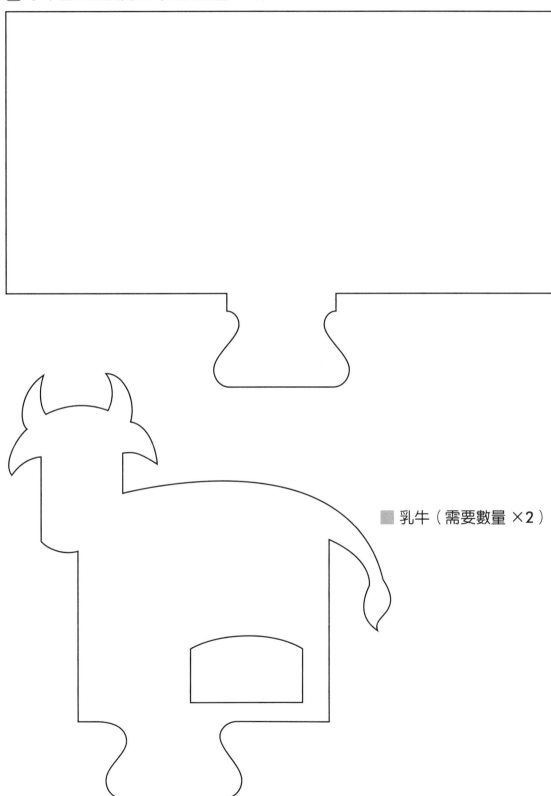

■ 乳牛（需要數量 ×2）

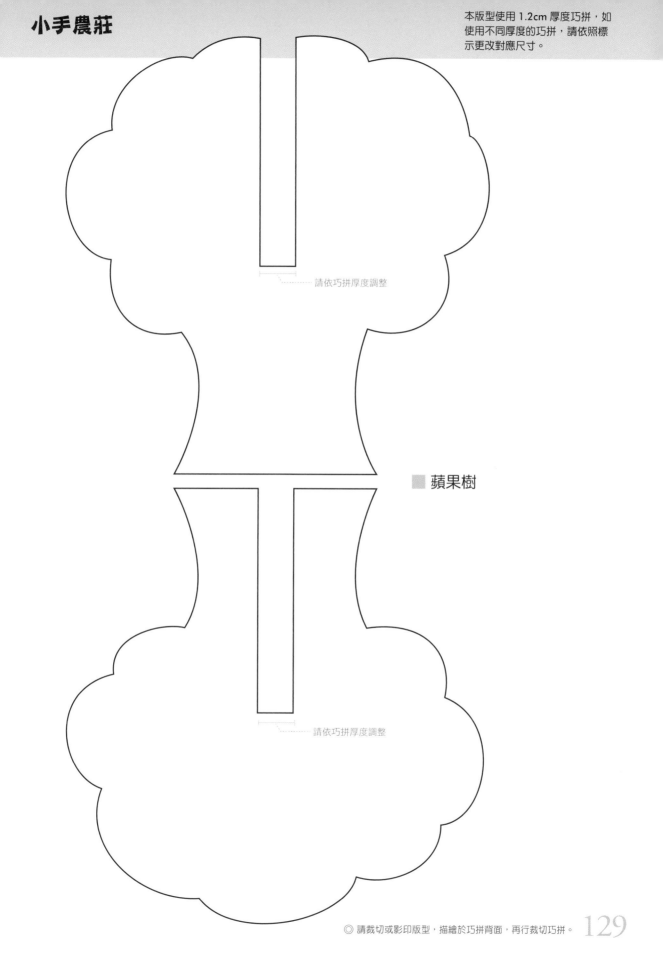

請依巧拼厚度調整

■ 蘋果樹

請依巧拼厚度調整

飲料販賣機配件

本版型使用 1.3cm 厚度巧拼,如使用不同厚度的巧拼,請依照標示更改對應尺寸。

■ 飲料機關按鈕(需要數量 ×3)　　■ 飲料儲存隔板(需要數量 ×2)

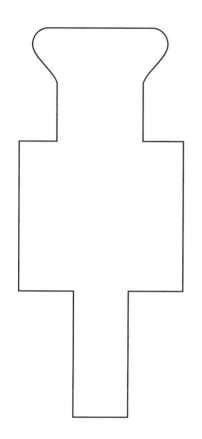

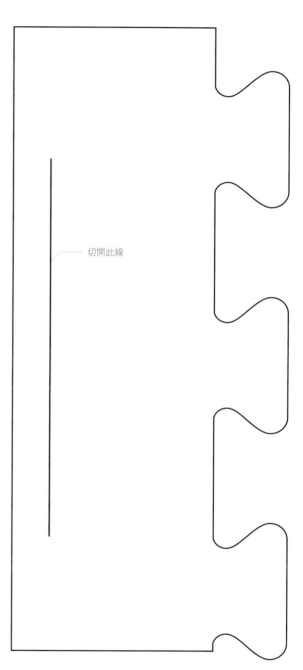

切開此線

■ 錢幣儲存盒（虛線為線槽，不切斷）

■ 瓦斯爐（需要數量 ×2）

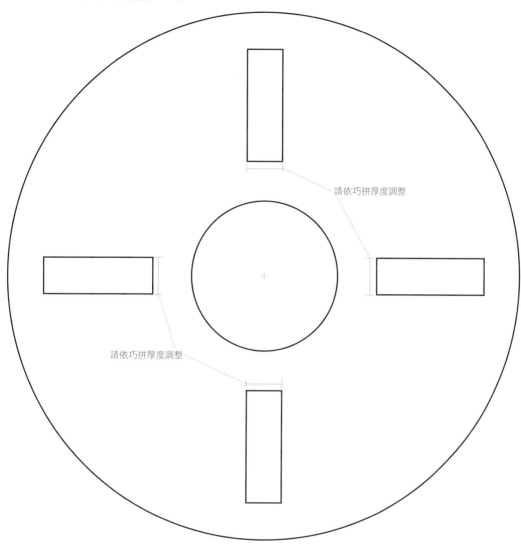

請依巧拼厚度調整

請依巧拼厚度調整

■ 瓦斯爐座架（需要數量 ×8）

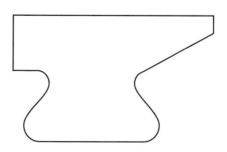

■ 瓦斯爐開關

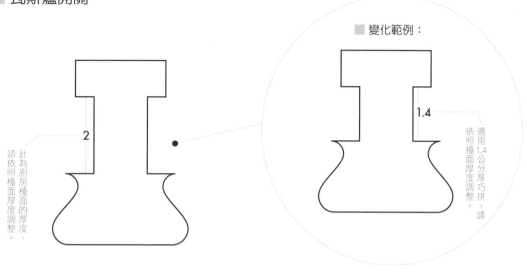

■ 變化範例：

1.4

適用 1.4 公分厚巧拼，請依照檯面厚度調整。

2

此為廚房檯面的厚度，請依照檯面厚度調整。

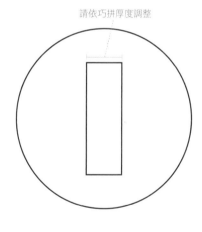

請依巧拼厚度調整

貓咪推推毛線球

◎版型為基礎切割，讀者可自行裁切不同形狀、尺寸。

■ 貓咪（需要數量 ×2）

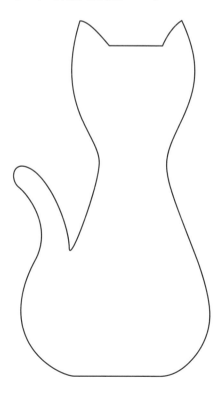

◎ 請裁切或影印版型，描繪於巧拼背面，再行裁切巧拼。

■ 烤箱把手

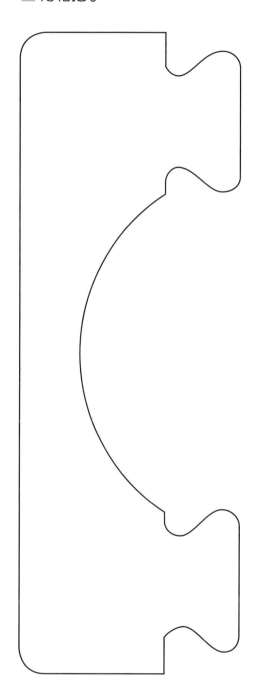

P1 水龍頭開關（需要數量 ×2）

請依巧拼厚度調整

P2 水龍頭開關（需要數量 ×2）

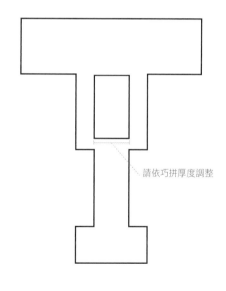

請依巧拼厚度調整

■ 出水口（需要數量 ×2，需一正一反）

■ 冰箱手把（需要數量 ×3）

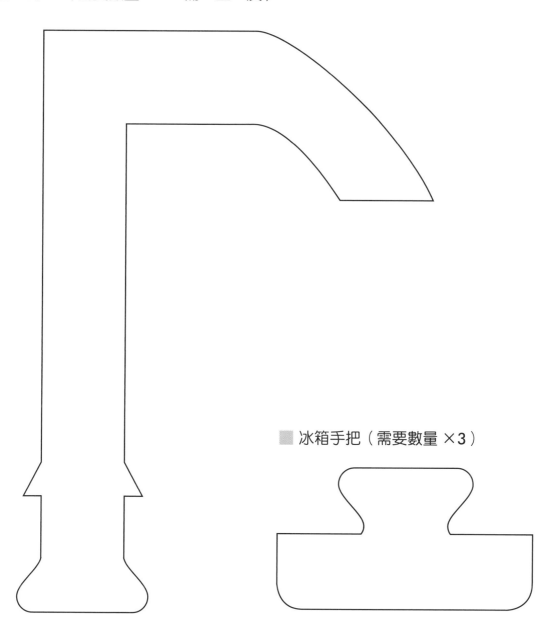

B 底座

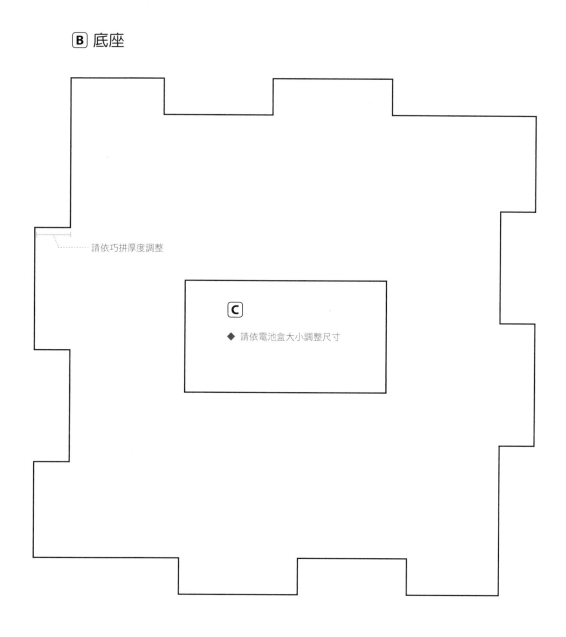

請依巧拼厚度調整

C

◆ 請依電池盒大小調整尺寸

CC媽咪的巧拼玩具遊樂園

優生活 035

作　　者——CC陳雲熙

副 主 編——楊淑媚

責任編輯——朱晏瑭

校　　對——CC陳雲熙、朱晏瑭、楊淑媚

封面設計——Rika Su

內文設計——林曉涵

攝　　影——二三開影像興業社 林永銘

Pin Pin將
人物商標繪圖——蔡岫芳

行銷企劃——許文薰

董 事 長
總 經 理——趙政岷

第五編輯部
總　　監——梁芳春

出 版 者——時報文化出版企業股份有限公司

　　　　　10803 臺北市和平西路 3 段 240 號 7 樓

　　　　　發 行 專 線—(02) 2306-6842

　　　　　讀者服務專線—0800-231-705．(02) 2304-7103

　　　　　讀者服務傳真—(02) 2304-6858

　　　　　郵　　　撥—19344724 時報文化出版公司

　　　　　信　　箱—臺北郵政 79-99 信箱

時 報 悅 讀 網—http://www.readingtimes.com.tw

電子郵件信箱—yoho@readingtimes.com.tw

法律顧問—理律法律事務所 陳長文律師、李念祖律師

印　　刷—詠豐印刷有限公司

初版一刷—2016 年 12 月 9 日

定　　價—新臺幣 380 元

國家圖書館出版品預行編目資料

CC媽咪的巧拼玩具遊樂園 / CC陳雲熙作.
-- 初版. -- 臺北市：時報文化, 2016.12
　　面；　公分

　　ISBN 978-957-13-6828-3(平裝)

　　1.玩具 2.手工藝

426.78　　　　　　　　　105020518

ISBN 978-957-13-6828-3
Printed in Taiwan

時報文化出版公司成立於 1975 年，
並於 1999 年股票上櫃公開發行，於 2008 年脫離中時集團非屬旺中，
以「尊重智慧與創意的文化事業」為信念。

行政院新聞局局版北市業字第 80 號
版權所有 • 翻印必究（缺頁或破損的書，請寄回更換）